全国碳市场（发电行业）周年回顾

——中国电力减排研究 2022

潘　荔　张建宇　等/编著

中国环境出版集团·北京

图书在版编目（CIP）数据

中国电力减排研究. 2022 : 全国碳市场（发电行业）
周年回顾 / 潘荔等编著. -- 北京 : 中国环境出版集
团, 2022.12
ISBN 978-7-5111-5380-7

Ⅰ. ①中… Ⅱ. ①潘… Ⅲ. ①电力工业－排烟污染控
制－研究－中国2020 Ⅳ. ①TM62

中国版本图书馆CIP数据核字（2022）第244327号

出 版 人	武德凯
责任编辑	黄　颖
责任校对	任　丽
装帧设计	宋　瑞

出版发行　中国环境出版集团
　　　　　（100062　北京市东城区广渠门内大街 16 号）
　　　　　网　　　址：http://www.cesp.com.cn
　　　　　电子邮箱：bjgl@cesp.com.cn
　　　　　联系电话：010-67112765（编辑管理部）
　　　　　　　　　　010-67147349（第四分社）
　　　　　发行热线：010-67125803，010-67113405（传真）
　　　　　印装质量热线：010-67113404

印　　刷	玖龙（天津）印刷有限公司
经　　销	各地新华书店
版　　次	2022 年 12 月第 1 版
印　　次	2022 年 12 月第 1 次印刷
开　　本	787×1092　1/16
印　　张	7.5
字　　数	100 千字
定　　价	80.00 元

中国环境出版集团郑重承诺：
中国环境出版集团合作的印刷单位、材料单位均具有中国环境标志产品认证。

本书编写组

潘　荔　张建宇　张晶杰

石丽娜　杨　帆　赵小鹭

曾　媛　雷雨蔚　汤　斌

中国电力减排研究

2022

中国电力减排研究系列报告是中国电力企业联合会（以下简称"中电联"）与美国环保协会北京代表处长期合作的项目。《全国碳市场（发电行业）周年回顾——中国电力减排研究2022》是该系列连续出版的第16本年度报告。

2021年7月16日，全国碳市场（发电行业）（以下简称"全国碳市场"）启动上线交易，首批纳入重点排放单位的数量有2 162家，年覆盖约45亿吨二氧化碳排放量，成为全球覆盖碳排放量最大的碳市场之一。截至2021年年底，全国碳市场累计运行114个交易日，碳排放配额累计成交量为1.79亿吨，累计成交额为76.61亿元。按履约量计，履约完成率为99.5%。第二个履约周期自2022年启动。总体来看，全国碳市场启动顺利、运行平稳、制度体系科学有效，促进了企业低成本减排、行业低碳技术创新、电源结构优化和国家绿色低碳发展。发电企业对碳市场、碳减排的重视程度增加，制度更加完善、职责更加明确、碳资产管理更加专业。

受美国环保协会北京代表处支持，中电联编制了《全国碳市场（发电行业）周年回顾——中国电力减排研究2022》。报告分为三部分：第一部分反映最新的中国电力发展概况及绿色发展情况；第二部分梳理全国碳市场相关政策与制度，分析全国碳市场整体运行情况和参与主体的主要行动，总结运行成效与经验，对比国际主要碳市场进展并得出对我国的启示；第三部分提出促进全国碳市场健康稳定发展的政策建议。该研究成果可为全国碳市场建设提供重要的决策支撑。

由于时间仓促，且中国电力低碳发展形势和相关政策不断变化、更新，书中不当及疏漏之处，敬请读者提出宝贵意见。

　　截至2021年年底，全国全口径发电装机容量达到237 777万千瓦，同比增长了7.8%。其中，水电39 094万千瓦，火电129 739万千瓦，核电5 326万千瓦，并网风电32 871万千瓦，并网太阳能发电30 654万千瓦；全口径非化石能源发电装机容量达到111 845万千瓦，同比增长了13.5%，占总装机容量的47.0%，比重比2020年提高了2.2个百分点。2021年，全国全口径发电量达到83 959亿千瓦·时，同比增长了10.1%。其中，水电13 399亿千瓦·时，火电56 655亿千瓦·时，核电4 075亿千瓦·时，并网风电6 558亿千瓦·时，并网太阳能发电3 270亿千瓦·时；非化石能源发电量达到28 962亿千瓦·时，同比增长了12.1%，占总发电量的34.5%，比重比2020年提高了0.6个百分点。2021年，全国火电烟尘、二氧化硫、氮氧化物排放总量分别约为12.3万吨、54.7万吨、86.2万吨，单位火电发电量烟尘、二氧化硫、氮氧化物排放量分别为22毫克/（千瓦·时）、101毫克/（千瓦·时）、152毫克/（千瓦·时）；全国单位火电发电量二氧化碳排放量约为828克/（千瓦·时），单位发电量二氧化碳排放量约为558克/（千瓦·时）。全国 6 000千瓦及以上火电厂的供电标准煤耗达到了301.5克/（千瓦·时），全国线损率为5.26%。

　　2021年以来，国家颁布了多项重大且影响深远的政策文件，为当前乃至未来的电力绿色低碳发展制定了时间表、路线图。其中，《中共中央 国务院关于完整准确全面贯彻新发展理念做好碳达峰碳中和工作的意见》和《2030年前碳达峰行动方案》是国家碳达峰、碳中和"1+N"政策体系顶层设计文件，对"双碳"工作进行系统谋划和总体部署，为各地区、各部门、各方开展"双碳"工作提供指导和依据；《中华人民共和国国民经济和社会发展第十四个五年规划和2035年远景目标纲要》《"十四五"现代能源体系规划》《"十四五"节能减排综合工作方案》等多项法规政策和规划方案对"十四五"乃至中远期的电力绿色低碳发展布置了具体目标和任务。全国碳市场启动上线交易前后，配额总量设定与分配实施方案，碳排放权登记、交易、结算管理办法，碳市场数据监测、核算和报送等相关法规政策陆续发布实施，有效支撑了全国碳市场的顺利启动和平稳运行。

在总结、借鉴国际和国内试点碳市场经验的基础上，经过基础建设、模拟运行，全国碳市场于2021年7月16日启动上线交易，年覆盖约45亿吨二氧化碳排放量，成为全球覆盖碳排放量最大的碳市场之一。从运行上看，上线交易一年以来，全国碳市场运行总体平稳，碳配额的价格在40～60元/吨波动。按履约量计，履约完成率为99.5%，交易量满足企业履约的基本需求，符合碳市场作为减排政策工具的预期。从成效上看，全国碳市场的基本框架已初步建立，价格发现机制的作用已初步显现，企业减排的意识和能力水平得到了有效提高，促进企业减排温室气体和加快绿色低碳转型的作用已初步显现。从参与方上看，电力行业高度重视应对气候变化工作，通过搭建行业平台、支撑政策制定、开展调查研究、夯实低碳统计与标准化基础等工作，主动推进全国碳市场构建，积极引导电力企业参与全国碳市场；发电企业积极探索、认真参与碳市场，对碳市场和碳减排的认识和重视程度逐渐提高，经验积累逐渐丰富，人才队伍逐渐壮大，碳交易实践逐渐深入，为碳市场顺利启动和平稳运行奠定了基础。交易机构在构建、运行全国碳市场注册登记、交易与结算平台方面和服务企业参与碳市场方面发挥了支撑性和关键性作用。

全国碳市场已经进入第二个履约周期，未来还将发挥更大的作用。为进一步推进全国碳市场的发展，本报告提出了以下七点建议：一是加快碳交易相关法律法规的立法进程；二是尽快扩大全国碳市场覆盖行业范围；三是建立长效机制，适时科学合理地修订基准值；四是协调相关机制支撑全国统一大市场构建；五是鼓励开展碳排放在线监测数据试点和应用；六是进一步加强行业自律与能力建设；七是加强企业碳资产管理，提升数据质量水平。

By the end of 2021, the national installed power generation capacity of full caliber had reached 2.377 77 billion kW, an increase of 7.8% year-on-year. Among them, hydro power generation capacity was 390.94 million kW, thermal power generation capacity was 1.297 39 billion kW, nuclear power generation capacity was 53.26 million kW, grid-connected wind power generation capacity was 328.71 million kW ,grid-connected solar power generation capacity was 306.54 million kW, the installed non-fossil energy power generation capacity of full caliber reached 1.118 45 billion kW, an increase of 13.5% year-on-year, which accounted for 47.0% of the total installed capacity, increasing by 2.2% over the previous year. In 2021, the national power generation of full caliber reached 8 395.9 billion kW·h, an increase of 10.1% year-on-year. Among them, hydro power generation was 1339.9 billion kW·h, thermal power generation was 5 665.5 billion kW·h, nuclear power generation was 407.5 billion kW·h, grid-connected wind power generation was 655.8 billion kW·h, grid-connected solar power generation was 327 billion kW·h, non-fossil energy power generation reached 2 896.2 billion kW·h, an increase of 12.1% year-on-year, which accounted for 34.5% of the total power generation, increasing by 0.6% over the previous year. In 2021, the total emissions of fume and dust, sulfur dioxide and nitrogen oxides in the national electric power department were approximately 123,000 tons, 547,000 tons and 862,000 tons, respectively, and the emissions of fume and dust, sulfur dioxide and nitrogen oxides of per unit thermal power generation were 22 mg/kW·h, 101 mg/kW·h and 152 mg/kW·h, respectively, the emission of carbon dioxide of national per unit thermal power generation was approximately 828 g/kW·h, and the emission of carbon dioxide of national per unit power generation was approximately 558 g/kW·h. The standard coal consumption for power supply of 6,000 kW and plus power plants nationwide was 301.5 g/kW·h , the national line loss rate was 5.26%.

Since 2021, the nation has issued a number of major and far-reaching policy, formulating the timetables and roadmaps for current and even future green and low-carbon development of the power sector. Among them, the *Working Guidance for Carbon Dioxide Peaking and Carbon Neutrality in Full and Faithful Implementation of the New Development Philosophy by the Central Committee of the Communist Party of China and the State Council and the Notice of Action Plan for Carbon Dioxide Peaking Before 2030 by the State Council* were the top-level designs of the national "1+N" policy system for carbon dioxide peaking and carbon neutrality, in which the work on carbon dioxide peaking and carbon neutrality was systematically planned and arranged, providing guidance and basis for all regions, departments and parties to work towards carbon dioxide peaking and carbon neutrality; a number of regulations, policies and planning programs including the *Outline of the 14th Five-Year Plan (2021-2025) for Economic and Social Development and the Long-Range Objectives Through the Year 2035 of the People's Republic of China, 14th Five Year Plan for a Modern Energy System and the 14th Five-Year comprehensive work plan for Energy saving and Emission reduction (2021-2025)* have set specific objectives and tasks for the green and low-carbon development of the electric power department in the "14th Five Year Plan" period and even the medium and long term. Before and after the launch of online trading for China's national carbon market, the government successively issued regulations and policies such as implementation plan for the total allowance setting and allocation, the management measures of the registration, trading and clearing of carbon emission rights, and monitoring, accounting and reporting of the carbon emission data, which had effectively supported the successful start and stable operation of the carbon market.

On the basis of summarizing and drawing on lessons from international and domestic pilot carbon markets, after the periods of infrastructure and simulation run, the online trading of the national carbon market was launched on July 16, 2021, which covered about 4.5 billion tons of carbon dioxide emission annually, making it the world's largest carbon market in terms of the scale of tradable carbon dioxide emission. In terms of operation, since the online trading was launched one year ago, the operation of the national carbon market has been stable in general, with the price of carbon allowances fluctuating between 40-60 yuan/ton. In terms of the allowance submit obligation being fulfilled, the compliance rate was 99.5% and the trading volume met the basic demands of covered enterprises to comply, which was in line with the expectations of carbon market serving as an emission reduction policy instruments. In terms of effectiveness, the basic framework of the national carbon market was initially established, the role of the price discovery mechanism was initially revealed, the emission reduction awareness and capacity of enterprises were effectively improved, the role of promoting enterprises to reduce the emission of greenhouse gases and accelerate the green and low-carbon transformation was initially revealed. In terms of participants, the electric power department pay high attention to the work on addressing climate change, proactively promoted the construction of the national carbon market and actively guided power enterprises to participate in the national carbon market by establishing industry platforms, formulating supporting policies, conducting surveys and studies, consolidating the foundation of low-carbon statistics and standardization and other work; power generation enterprises actively participated in the carbon market, with a gradual increase of understanding and attention, the gradual improvement of systems and mechanisms, a gradual growth of talent teams and the gradual deepening of carbon trading practices, laying the foundation for the successful initiation and stable operation of the carbon market. The trading institutions played a supporting and critical role in constructing and operating the registration, trading and clearing platform of the national carbon market.

The national carbon market has entered the second compliance cycle and will play a larger role in the future. It is suggested that: I. The legislative process of carbon trading-related laws and regulations should be accelerated; II. The national carbon market should expand to cover more industries as soon as possible; III. Long-term mechanisms should be established and the benchmark values should be revised in a scientific and reasonable manner in due time; IV. Relevant mechanisms should be coordinated to support the construction of a unified national market; V. The pilot and application of online carbon emissions monitoring systems should be encouraged; VI. The industry self-discipline and capacity building should be further strengthened; VII. The carbon asset management of enterprises should be strengthened so as to improve the data quality.

第一部分
中国电力发展概况及绿色发展情况

001

1　中国电力发展概况 …………………………… 002
  1.1　电力生产与消费 ………………………… 002
  1.2　电力结构 ………………………………… 007

2　电力绿色低碳发展情况 ……………………… 012
  2.1　污染控制 …………………………………012
  2.2　资源节约 …………………………………015
  2.3　应对气候变化 ……………………………019

3　新出台的重要相关法规政策 …………………022
  3.1　"双碳"顶层设计文件 ………………… 022
  3.2　重要法规政策 …………………………… 023

第二部分
全国碳市场进展回顾

031

4　政策与制度 …………………………………… 032
  4.1　政策概述 ………………………………… 032
  4.2　制度情况 ………………………………… 034

5　运行与成效 …………………………………… 058
  5.1　碳排放数据 ……………………………… 058

5.2　覆盖范围 059

5.3　配额分配 062

5.4　碳市场运行 062

5.5　成效总结 071

6　主要参与方行动及经验 **074**

6.1　电力行业 074

6.2　发电企业 077

6.3　交易平台 084

7　国际碳市场进展与启示 **086**

7.1　进展 086

7.2　启示 093

第三部分
促进全国碳市场发展的建议

095

8　相关建议 **096**

8.1　建议加快碳交易相关法律法规的立法进程 096

8.2　建议尽快扩大全国碳市场覆盖的行业范围 096

8.3　建立长效机制适时科学合理修订基准值 097

8.4　建议协调相关机制支撑全国统一大市场构建 098

8.5　鼓励开展碳排放在线监测数据试点和应用 098

8.6　建议进一步加强行业自律与能力建设 098

8.7　加强企业碳资产管理提升数据质量水平 099

附件1　全国碳市场相关法规政策 **100**

附件2　全国碳市场发展大事记 **103**

参考文献 **106**

第一部分

中国电力发展概况及
绿色发展情况

1 中国电力发展概况

"十四五"是碳达峰关键期、窗口期，在确保能源安全稳定供应的基础上，能源绿色低碳转型是关键。2021年，电力行业深入贯彻落实习近平总书记关于碳达峰、碳中和的重要讲话和指示批示精神，认真贯彻党中央、国务院关于加快推进电力绿色低碳转型决策部署，非化石能源发电规模和比重持续增加，化石能源发电效率和效能持续提升，电网配置清洁低碳电能资源的能力持续提高，电力消费结构进一步优化，电力领域落实碳达峰工作取得良好开局。

1.1 电力生产与消费

1.1.1 电力生产

（1）装机容量

根据中电联统计年报，截至2021年年底，全国全口径发电装机容量达到237 777万千瓦，同比增长了7.8%。其中，水电39 094万千瓦（包括抽水蓄能3 639万千瓦），同比增长了5.6%；火电129 739万千瓦（包括煤电110 962万千瓦、气电10 894万千瓦），同比增长了3.8%；核电5 326万千瓦，同比增长了6.8%；并网风电32 871万千瓦，同比增长了16.7%；并网太阳能发电30 654万千瓦，同比增长了20.9%。

2010—2021年中国发电装机容量及增速变化见图1-1，2010—2021年中国分类型发电装机容量占比见图1-2。

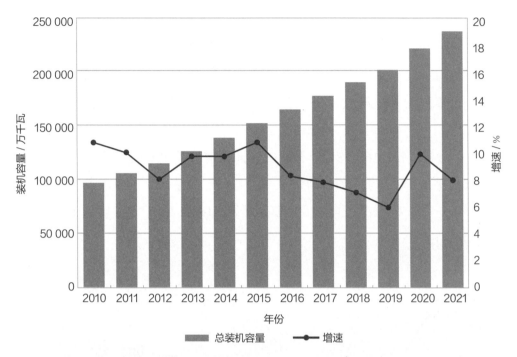

图1-1　2010—2021年中国发电装机容量及增速变化

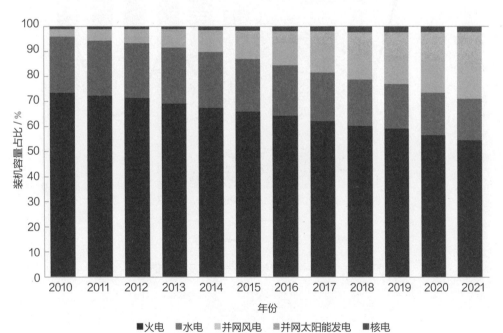

图1-2　2010—2021年中国分类型发电装机容量占比

（2）发电量

根据中电联统计年报，2021年，全国全口径发电量达到83 959亿千瓦·时，同比增长了10.1%。其中，水电13 399亿千瓦·时（包括抽水蓄能390亿千瓦·时），同比下降了1.1%；火电56 655亿千瓦·时（包括煤电50 426亿千瓦·时；气电2 871亿千瓦·时），同比增长了9.4%；核电4 075亿千瓦·时，同比增长了11.3%；并网风电6 558亿千瓦·时，同比增长了40.6%；并网太阳能发电3 270亿千瓦·时，同比增长了25.2%。

2010—2021年中国发电量及增速变化见图1-3，2010—2021年中国分类型发电量占比见图1-4。

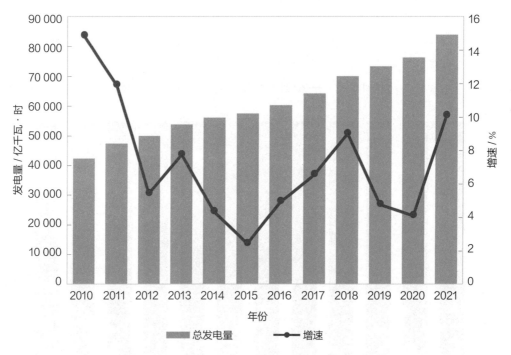

图1-3 2010—2021年中国发电量及增速变化

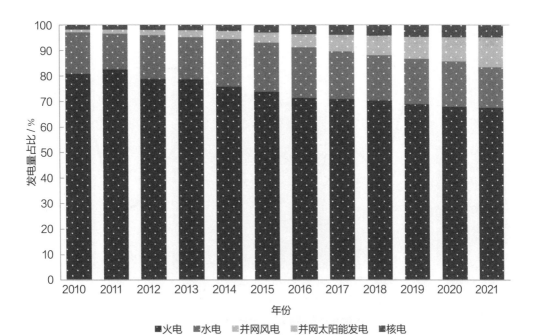

图1-4 2010—2021年中国分类型发电量占比

1.1.2 电力消费

根据中电联统计年报，2021年，全社会用电量达到83 313亿千瓦·时，同比增长了10.4%。其中，第一产业用电量为1 038亿千瓦·时，同比增长了16.9%，占全社会用电总量的1.2%；第二产业用电量为56 255亿千瓦·时，同比增长了9.1%，占全社会用电总量的67.6%；第三产业用电量为14 226亿千瓦·时，同比增长了17.7%，占全社会用电总量的17.1%；城乡居民生活用电量为11 794亿千瓦·时，同比增长了7.5%，占全社会用电总量的14.1%。全国人均用电量为5 899千瓦·时/人，较上年增加了568千瓦·时/人。

2010—2021年中国全社会用电量及增速变化见图1-5；2020年和2021年的中国电力消费结构见图1-6；2010—2021年全国人均用电量变化见图1-7。

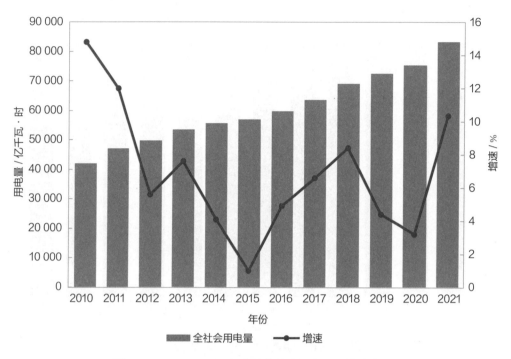

图1-5 2010—2021年中国全社会用电量及增速变化

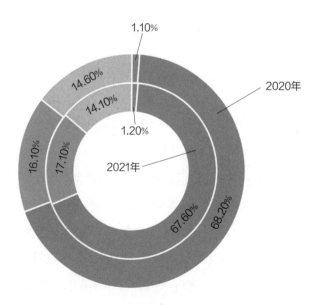

图1-6 2020年和2021年的中国电力消费结构

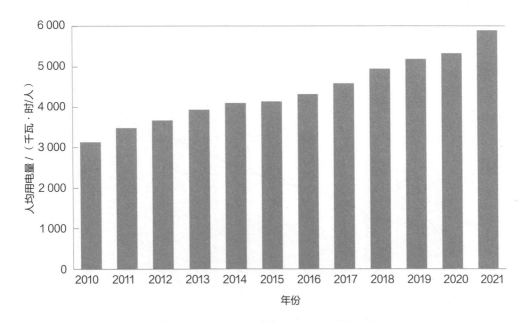

图1-7 2010—2021年全国人均用电量变化

1.2 电力结构

1.2.1 非化石能源发电

　　根据中电联统计年报，截至2021年年底，全国全口径非化石能源发电装机容量达到111 845万千瓦，同比增长了13.5%，占总装机容量的47.0%，占比同比提高了2.2个百分点。2021年，非化石能源发电量达到28 962亿千瓦·时，同比增长了12.1%，占总发电量的34.5%，占比同比提高了0.6个百分点。

　　2010—2021年中国非化石能源发电装机容量及其占总装机容量的比重变化见图1-8；2010—2021年中国非化石能源发电量及其占总发电量的比重变化见图1-9。

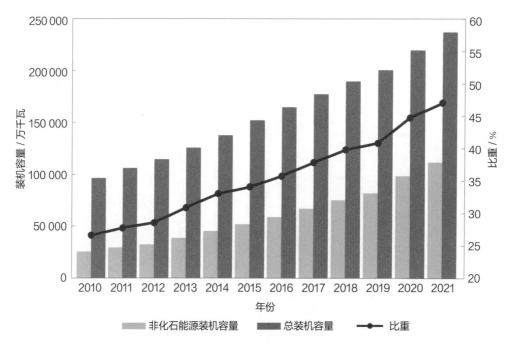

图1-8　2010—2021年中国非化石能源发电装机容量及其占总装机容量的比重变化

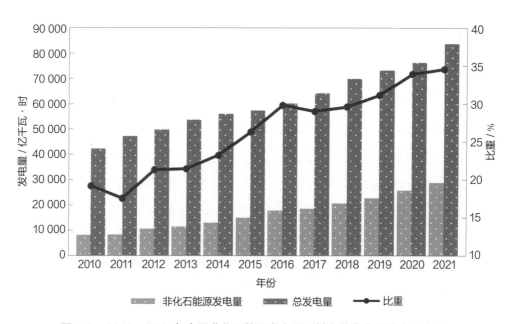

图1-9　2010—2021年中国非化石能源发电量及其占总发电量的比重变化

1.2.2 火力发电

根据中电联统计年报，截至2021年年底，全国火电装机容量达到129 739万千瓦，同比增长了3.8%。从类型上看，燃煤发电装机容量为110 962万千瓦，同比增长了2.5%；燃气发电装机容量为10 894万千瓦，同比增长了9.2%；其他火电类型（包括余温余气余压发电、生物质发电、燃油发电等）装机容量为7 883万千瓦。从容量上看，火电单机30万千瓦及以上机组容量占火电机组容量的比重为80.9%；火电单机60万千瓦及以上机组容量占火电机组容量的比重为47.4%；火电单机100万千瓦及以上机组容量占火电机组容量的比重为14.9%。

2010—2021年全国火电装机容量及其占比情况和2010—2021年全国统计调查范围内火电机组容量的比重变化分别见图1-10和图1-11。

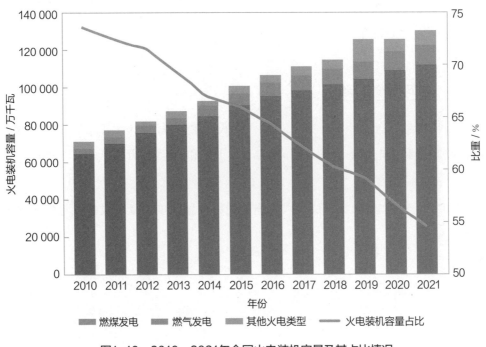

图1-10 2010—2021年全国火电装机容量及其占比情况

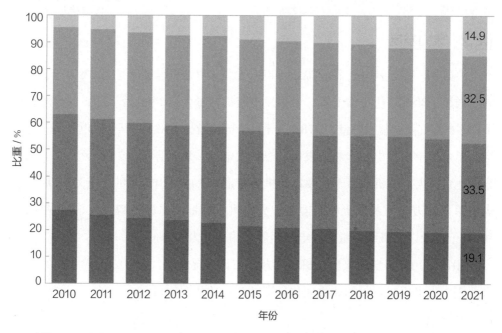

图1-11 2010—2021年全国统计调查范围内火电机组容量的比重变化

1.2.3 电网规模及等级

根据中电联统计年报，截至2021年年底，全国电网220千伏及以上输电线路回路长度和变电设备容量分别为843 390千米和493 921万千伏安，分别同比增长了3.84%和5.00%。

2021年全国电网220千伏及以上输电线路回路长度及变电设备容量情况见表1-1。

表1-1　2021年全国电网220千伏及以上输电线路回路长度及变电设备容量情况

电压等级		输电线路回路长度		变电设备容量	
		长度 / 千米	同比增速 / %	容量 / 万千伏安	同比增速 / %
220千伏及以上各电压等级合计		843 390	3.84	493 921	5.00
直流 部分	直流	46 981	3.96	47 162	5.77
	±1 000千伏	3 295	—	2 867	—
	±800千伏	26 539	7.23	29 503	9.55
	±660千伏	1 334	—	884	—
	±500千伏	14 783	—	12 663	—
	±400千伏	1 031	—	1 245	—
交流 部分	交流	796 409	3.83	446 760	4.92
	1000千伏	14 437	4.58	19 800	10.00
	750千伏	26 950	5.00	20 665	5.51
	500千伏	212 350	4.56	166 122	6.18
	330千伏	35 552	2.43	13 828	2.76
	220千伏	507 120	3.55	226 345	3.68

2 电力绿色低碳发展情况

2.1　污染控制[1]

根据生态环境部公布的信息，截至2021年年底，近10.3亿千瓦煤电机组实现了超低排放，约占全国煤电总装机容量的93%，进一步削减了主要大气污染物排放总量。同时，电力企业严格执行排污许可制度、生态保护红线制度等，加强全过程、全要素生态环保监管，为完成生态环境约束性指标、推进减污降碳协同增效、促进经济社会发展和全面绿色转型作出新的贡献。

2.1.1　大气污染治理

（1）烟尘

根据中电联统计分析，2021年，全国火电烟尘排放总量约为12.3万吨，同比下降了约20.7%；单位火电发电量烟尘排放量约为22毫克/（千瓦·时），同比下降了约10毫克/（千瓦·时）。2000—2021年全国火电烟尘排放情况见图2-1。

---

[1] 本报告中，电力污染控制特指火电厂主要污染物控制。

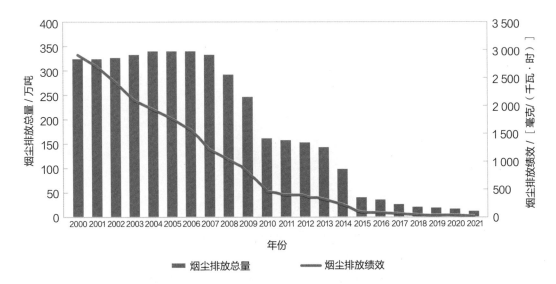

图2-1 2000—2021年全国火电烟尘排放情况[2]

（2）二氧化硫

2021年，全国火电二氧化硫排放量约为54.7万吨，同比下降了约26.4%；单位火电发电量二氧化硫排放量约为101毫克/（千瓦·时），同比下降了约59毫克/（千瓦·时）。

2000—2021年全国火电二氧化硫排放情况见图2-2。

（3）氮氧化物

2021年，全国火电氮氧化物排放量约为86.2万吨，同比下降了约1.4%；单位火电发电量氮氧化物排放量约为152毫克/（千瓦·时），同比下降了约27毫克/（千瓦·时）。

2005—2021年全国火电氮氧化物排放情况见图2-3。

---

[2] 烟尘排放量统计范围为全国装机容量在6 000千瓦及以上的火电厂。

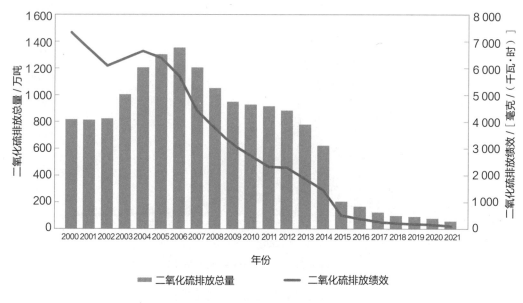

图2-2 2000—2021年全国火电二氧化硫排放情况[3]

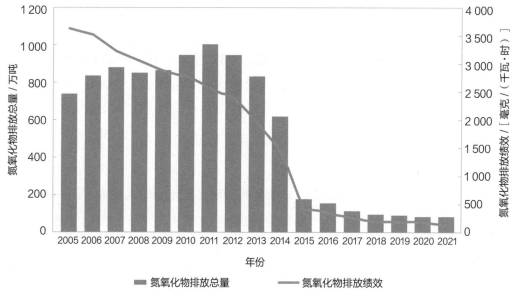

图2-3 2005—2021年全国火电氮氧化物排放情况[4]

---

[3] 二氧化硫排放量统计范围为全国装机容量在6 000千瓦及以上的火电厂。

[4] 氮氧化物排放量统计范围为全国装机容量在6 000千瓦及以上的火电厂。

2.1.2　废水治理

根据中电联统计分析，2021年，全国火电废水排放量为2.9亿吨，同比下降了约9.4%；单位火电发电量废水排放量约为52克/（千瓦·时），与2020年持平。

2000—2021年全国火电废水排放情况见图2-4。

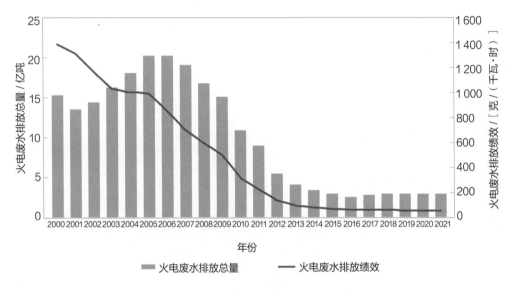

图2-4　2000—2021年全国火电废水排放情况[5]

2.2　资源节约

2021年，电力行业持续推进煤电节能技术升级、能效对标及管理等工作。按照国家相关要求，着手开展煤电节能降耗改造、供热改造、灵活性改造"三改"联动基础工作，火电供电标准煤耗、厂用电率、线损率等主要资源节约指标持续向好。此外，火电厂粉煤灰、脱硫石膏等固体废弃物综合利用量持续提高。

---

[5] 废水排放统计范围为全国装机容量在6 000千瓦及以上的火电厂。

2.2.1 节能降耗

根据中电联统计年报，2021年，全国6 000千瓦及以上火电厂的供电标准煤耗为301.5克/（千瓦·时），同比降低了2.01克/（千瓦·时）；全国线路损失率（简称线损率）为5.26%，同比降低了0.34个百分点。

2001—2021年全国6 000千瓦及以上火电厂供电标准煤耗和全国线损率变化情况见图2-5。

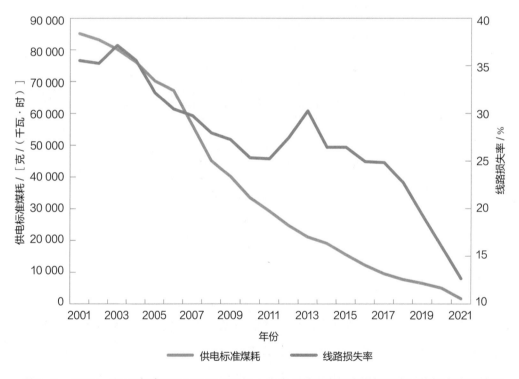

图2-5　2001—2021年全国6 000千瓦及以上火电厂的供电标准煤耗和全国线损率变化情况

2.2.2 水资源节约

根据中电联统计分析，2021年，全国火电厂单位发电量耗水量为1.18千克/（千瓦·时），与2020年持平。

2000—2021年全国火电厂单位发电量耗水量见图2-6。

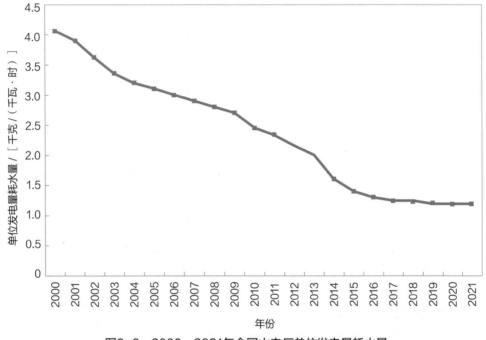

图2-6 2000—2021年全国火电厂单位发电量耗水量

2.2.3 固体废物综合利用

（1）粉煤灰

根据中电联统计分析，2021年，全国火电厂粉煤灰产生量为6.22亿吨，同比增加了0.57亿吨；综合利用量为4.43亿吨，同比增加了0.25亿吨；综合利用率为71.2%，同比下降了2.8个百分点。

2010—2021年全国火电厂粉煤灰产生与利用情况见图2-7。

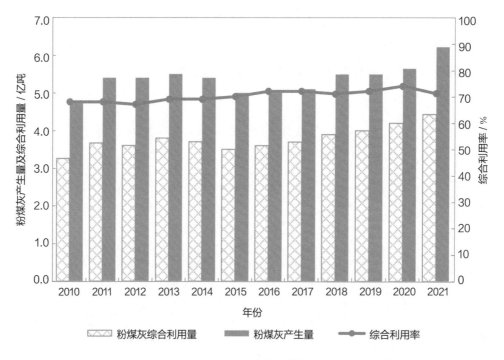

图2-7　2010—2021年全国火电厂粉煤灰产生与利用情况

（2）脱硫石膏

根据中电联统计分析，2021年，全国火电厂脱硫石膏产生量约为9 185万吨，同比增加了835万吨；综合利用量约为6 670万吨，同比增加了约320万吨；综合利用率为72.6%，同比下降了3.4个百分点。

2010—2021年全国火电厂脱硫石膏产生与利用情况见图2-8。

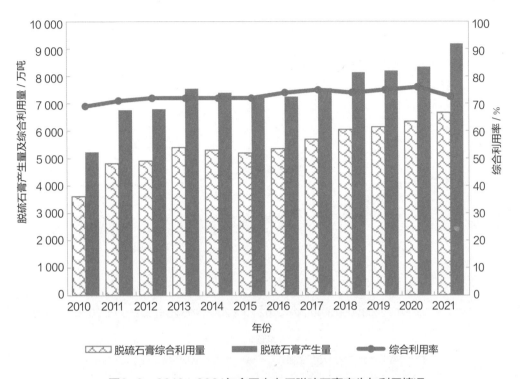

图2-8 2010—2021年全国火电厂脱硫石膏产生与利用情况

2.3 应对气候变化

电力行业认真落实国家碳达峰、碳中和目标部署，不断优化电力结构，积极推动技术进步，电力行业碳排放强度指标整体持续优化；积极参与全国碳排放权交易，探索利用市场机制低成本减少碳排放的途径，为国家落实应对气候变化目标和承诺做出积极贡献。

2.3.1 碳排放强度

根据中电联统计分析，2021年，全国单位火电发电量二氧化碳排放量约为

828克/（千瓦·时），比2020年降低了0.5%，比2005年降低了21.0%；单位发电量二氧化碳排放量约为558克/（千瓦·时），比2020年降低了1.2%，比2005年降低了35.0%。

2005—2021年电力行业二氧化碳排放强度见图2-9。

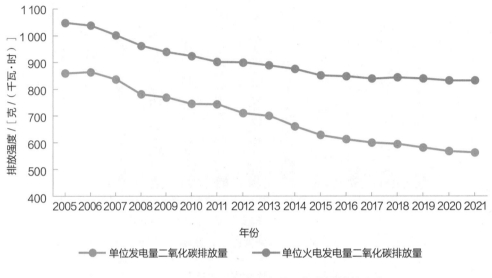

图2-9 2005—2021年电力行业二氧化碳排放强度

2.3.2 二氧化碳削减量

根据中电联统计分析，以2005年为基准年，2006—2021年，电力行业通过发展非化石能源、降低供电煤耗和线损率等措施，累计减少二氧化碳排放量约215.1亿吨，有效减缓了电力行业二氧化碳排放总量的增长。其中，发展非化石能源、降低供电煤耗和线损率对电力行业二氧化碳减排的贡献率分别为56.7%、41.3%和2.0%。

2006—2021年各种措施减少电力行业二氧化碳排放量情况（以2005年为基准年）见图2-10。

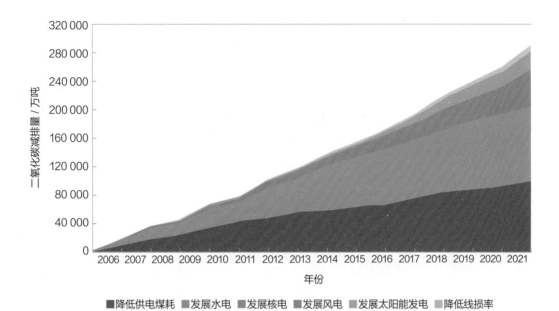

图2-10　2006—2021年各种措施减少电力行业二氧化碳排放量情况
（以2005年为基准年）

3 新出台的重要相关法规政策

3.1 "双碳"顶层设计文件

为深入贯彻落实中共中央、国务院关于碳达峰、碳中和的重大战略决策，2021年9月，中共中央、国务院印发了《中共中央 国务院关于完整准确全面贯彻新发展理念做好碳达峰碳中和工作的意见》（以下简称《意见》），2021年10月，国务院颁布了《2030年前碳达峰行动方案》（国发〔2021〕23号）（以下简称《方案》）。

《意见》和《方案》对碳达峰、碳中和工作进行了系统性、全局性部署，明确了"双碳"目标下能源领域转型发展的总体方向和重点任务，同时强调推动能源绿色低碳发展需要做到三个统筹：一是统筹强化节能、提高能效和降碳。节能、提效、降碳是经济高质量发展的重要着力点，必须改革完善能源消费、碳排放强度和总量控制相关制度。中央经济工作会议提出，新增可再生能源和原料用能不纳入能源消费总量控制，创造条件尽早实现能耗"双控"向碳排放总量和强度"双控"转变，加快形成减污降碳的激励约束机制，防止简单层层分解。节能和提效要与我国进入高质量发展阶段相适应，更加重视效益和低碳；要把节能、提效与降碳密切结合在一起，并逐步将节能政策导向过渡到以降碳政策为统领的导向上来，要通过科学严谨的制度进行安排，在系统思维和全国一盘棋下做好统筹协调。二是统筹推进非化石能源和化石能源高质量发展。一方面要加快推进煤炭消费替代和转型升级，加快现役煤电机组节能升级和灵活性改造；坚持集中式与分布式并举开发风电、太阳能发电，因地制宜开发水电，积极安全有序地发展核电，合理利用生物质能；推动多能互补和"源网荷储"一体化发展，推动氢能"制储输用"全链条发展，积极构建新型电力系统。另一方面，在消费替代过程中，要按照中央经济工作会议提出的传统能源逐步退出要建立在新能源安全可靠的替代基础上等要求。要立足以煤为主的基本国情，抓好煤炭清洁高效利用，增加新能源消纳能力，推动煤炭和新能源优化组合。三是统筹发挥政府和市场作用。《意见》围绕完善能源统一市场和实现能源治理能力与治理体系现代化等具体目标，提出要深化能源体制机制改革，推动电力、煤炭、油气市场化改革。推动电网体制改革，明确增量配电网、微电网和分布式电源的市场化地位；加快形成以储能和调峰能力为基础支撑的新增电力装机发展机制。《方案》提出要完善绿色电价政策，建立健全市场化机制，统筹推动碳排放权、用能权、电力交易等市场建设；要发挥好政府作用，在合理科学控制总量的前提下，建立和完善各种制度配套及监管工作。我国实现"双碳"目标的难度高、任务重，必须发挥制度优势，统筹发挥好政府和市场的作用。总体来看，《意见》和《方案》是各行业、各地区制定具体行动方案的依据，为当前及未来我国经济社会各领域通往碳达峰、碳中和之路提供了方向和指引[6]。

3.2 重要法规政策

3.2.1 法律法规

2021年12月24日，中华人民共和国第十三届全国人民代表大会常务委员会第三十二次会议通过了《中华人民共和国噪声污染防治法》（以下简称《噪声污染防治法》），并自2022年6月5日起施行，《中华人民共和国环境噪声污染

---

[6] 王志轩."双碳"目标落地，以能源绿色低碳发展为关键. http://www.chinapower.com.cn/zk/zjgd/20220315/138720.html

防治法》同时废止。《噪声污染防治法》重新界定了噪声污染的内涵，在坚持"超标并扰民"的判断标准基础上，将未依法采取防控措施并干扰他人正常生活、工作和学习的声音纳入了噪声污染的范畴；将工业噪声的范围从工业设备产生的声音扩大到了工业生产活动中产生的干扰周围生活环境的声音；将城市轨道交通噪声纳入了交通运输噪声防治对象中；将噪声污染防治范围由城市拓宽到了农村地区；提出了加强噪声分类管理，其中对工业噪声实行排污许可管理；增加了噪声重点排污单位监管要求；明确了不同违法行为的罚款额度或者处罚形式；完善了噪声污染处罚机制；增强了基层执法可操作性等。

2022年3月25日，《中共中央　国务院关于加快建设全国统一大市场的意见》从全局和战略高度对加快建设全国统一大市场明确了总体要求和具体任务。其中，提出了建设全国统一的能源市场，在有效保障能源安全供应的前提下，结合碳达峰、碳中和目标任务，有序推进全国能源市场建设。健全多层次统一电力市场体系，研究推动适时组建全国电力交易中心；培育发展全国统一的生态环境市场，依托公共资源交易平台，建设全国统一的碳排放权、用水权交易市场，实行统一规范的行业标准、交易监管机制；推进排污权、用能权市场化交易，探索建立初始分配、有偿使用、市场交易、纠纷解决、配套服务等制度；推动绿色产品认证与标识体系建设，促进绿色生产和绿色消费。

2021年12月28日，国务院印发《"十四五"节能减排综合工作方案》（国发〔2021〕33号），要求完善实施能源消费强度和总量双控、主要污染物排放总量控制制度，组织实施节能减排重点工程；到2025年，全国单位国内生产总值能源消耗比2020年下降13.5%，能源消费总量得到合理控制，节能减排政策机制更加健全，重点行业能源利用效率和主要污染物排放控制水平基本达到国际先进水平，经济社会发展绿色转型取得显著成效；要立足以煤为主的基本国情，坚持先立后破，严格合理控制煤炭消费增长，抓好煤炭清洁高效利用，推进存量煤电机组节煤降耗改造、供热改造、灵活性改造"三改联动"；坚持节能优先，强化能耗强度降低约束性指标管理，有效增强能源消费总量管理弹性，加强能耗双控政策与碳达峰、碳中和目标任务的衔接。

2021年11月2日，《中共中央　国务院关于深入打好污染防治攻坚战的意见》提出到2025年，生态环境持续改善，主要污染物排放总量持续下降，单位国内生产总值二氧化碳排放量比2020年下降18%。到2035年，广泛形成绿色生产生活方式，碳排放达峰后稳中有降，生态环境根本好转，美丽中国建设目标基本实现。"十四五"时期，严控煤炭消费增长，非化石能源消费比重提高至20%左右，京津冀及周边地区、长三角地区煤炭消费量分别下降10%、5%左右，汾渭平原煤炭消费量实现负增长；原则上不再新增自备燃煤机组，支持自备燃煤机组实施清洁能源替代，鼓励自备电厂转为公用电厂；坚持"增气减煤"同步，新增天然气优先保障居民生活和清洁取暖需求；提高电能占终端能源消费的比重；重点区域的平原地区散煤基本清零；有序扩大清洁取暖试点城市范围，稳步提升北方地区清洁取暖水平。

2021年9月12日，中共中央办公厅、国务院办公厅印发《关于深化生态保护补偿制度改革的意见》，明确了发挥市场机制作用，加快推进多元化补偿；加快建设全国用能权、碳排放权交易市场；健全以国家温室气体自愿减排交易机制为基础的碳排放权抵销机制，将具有生态、社会等多种效益的林业、可再生能源、甲烷利用等领域温室气体自愿减排项目纳入全国碳排放权交易市场。

2021年3月11日，十三届全国人大四次会议表决通过了《中华人民共和国国民经济和社会发展第十四个五年规划和2035年远景目标纲要》，其中提出了2035年远景目标：广泛形成绿色生产生活方式，碳排放达峰后稳中有降，生态环境根本好转，美丽中国建设目标基本实现；"十四五"时期经济社会发展主要目标：能源资源配置更加合理、利用效率大幅提高，单位国内生产总值能源消耗和二氧化碳排放分别降低13.5%、18%，主要污染物排放总量持续减少等；构建现代能源体系，加快发展非化石能源，坚持集中式和分布式并举，大力提升风电、光伏发电规模，加快发展东中部分布式能源，有序发展海上风电，加快西南水电基地建设，安全稳妥推动沿海核电建设，建设一批多能互补的清洁能源基地，非化石能源占能源消费总量比重提高至20%左右；推动煤炭生产向资源富集地区集中，合理控制煤电建设规模和发展节奏，推进以电代煤。

2021年1月29日，国务院发布《排污许可管理条例》（中华人民共和国国务院令 第736号）（以下简称《条例》），从明确实行排污许可管理的范围和管理类别、规范申请与审批排污许可证的程序、加强排污管理、严格监督检查、强化法律责任等方面对排污许可管理工作予以规范。《条例》要求依照法律规定实行排污许可管理的企事业单位和其他生产经营者申请取得排污许可证后，方可排放污染物，并根据污染物产生量、排放量、对环境的影响程度等因素，对排污单位实行分类管理，具体名录由国务院生态环境主管部门拟定并报国务院批准后公布实施。

3.2.2 部门规章

2022年6月10日，生态环境部等7部门联合印发《减污降碳协同增效实施方案》（环综合〔2022〕42号），其中提出到2025年，减污降碳协同推进的工作格局基本形成；重点区域、重点领域结构优化调整和绿色低碳发展取得明显成效；形成一批可复制、可推广的典型经验；减污降碳协同度有效提升。到2030年，减污降碳协同能力显著提升，助力实现碳达峰目标；大气污染防治重点区域碳达峰与空气质量改善协同推进取得显著成效；水、土壤、固体废物等污染防治领域协同治理水平显著提高。在加强生态环境准入管理、推动能源绿色低碳转型、推进土壤污染治理协同控制、推进固体废物污染防治协同控制、完善减污降碳法规标准、加强减污降碳协同管理、强化减污降碳经济政策等方面对涉及电力减污降碳工作提出了具体要求。

2022年6月7日，生态环境部办公厅发布《关于高效统筹疫情防控和经济社会发展 调整2022年企业温室气体排放报告管理相关重点工作任务的通知》（环办气候函〔2022〕229号），其主要内容：一是延长2021年度发电行业重点排放单位碳排放核查等工作的完成时限至2022年9月底。二是调整发电行业重点排放单位2021年、2022年度碳排放相关参数的取值方式，包括元素碳含量年度实测月份为3个月及以上的重点排放单位，可使用当年度已实测月份数据的算术平均值替代缺失月份数据；不足3个月的，缺失月份燃煤单位热值含碳量使用新的缺省值（不区分煤种的0.030 85 tC/GJ），燃煤低位发热量可依序按入炉煤、入厂煤或供应商煤质检测结果取值。

2022年4月1日，生态环境部印发《"十四五"环境影响评价与排污许可工作实施方案》（环环评〔2022〕26号），在健全环评和排污许可管理链条、探索温室气体排放环境影响评价等方面对包括电力在内的领域提出了相关要求。

2022年3月10日，生态环境部办公厅发布《关于做好2022年企业温室气体排放报告管理相关重点工作的通知》（环办气候函〔2022〕111号）（以下简称《通知》），要求组织2020年和2021年任一年温室气体排放量达2.6万吨二氧化碳当量（综合能源消费量约1万吨标准煤）及以上的发电行业企业或其他经济组织（火力发电、热电联产、生物质能发电）或自备电厂，开展2021年度温室气体核算和报告工作。《通知》以附件的形式更新了《企业温室气体排放核算方法与报告指南 发电设施（2022年修订版）》，对元素碳含量检测的要求、月度信息化存证、信息公开要求等方面进行了进一步完善。

2022年1月29日，国家发展改革委和国家能源局印发《"十四五"现代能源体系规划》（发改能源〔2022〕210号），提出深入推动能源消费革命、供给革命、技术革命、体制革命，全方位加强国际合作。"十四五"时期现代能源体系建设的主要目标是：能源保障更加安全有力、能源低碳转型成效显著、能源系统效率大幅提高、创新发展能力显著增强、普遍服务水平持续提升。展望2035年，能源高质量发展取得决定性进展，基本建成现代能源体系，能源安全保障能力大幅提升，绿色生产和消费模式广泛形成，非化石能源消费比重在2030年达到25%的基础上进一步大幅提高，可再生能源发电成为主体电源，新型电力系统建设取得实质性成效，碳排放总量达峰后稳中有降。

2022年1月28日，国家能源局印发《电力行业危险化学品安全风险集中治理实施方案》（国能发安全〔2022〕21号），其总体目标是通过一年的危险化学品安全风险集中治理（以下简称集中治理），电力安全生产责任有效落实，双重预防机制持续健全，"四个安全"工作理念不断强化。到2022年年底，集中治理电力企业覆盖率达到100%，危险化学品重大危险源依规备案率达到

100%，全国公用燃煤电厂液氨一级、二级重大危险源尿素替代改造工程完成率达到100%。

2021年12月11日，生态环境部印发了《企业环境信息依法披露管理办法》（部令第24号），要求重点排污单位披露企业环境管理信息，污染物产生、治理与排放信息，碳排放信息等八类信息；要求实施强制性清洁生产审核的企业在披露八类信息的基础上，披露实施强制性清洁生产审核的原因、实施情况、评估与验收结果等信息；要求符合规定情形的上市公司、发债企业在披露八类信息的基础上，披露融资所投项目的应对气候变化、生态环境保护等相关信息。

2021年11月27日，国务院国资委印发《关于推进中央企业高质量发展做好碳达峰碳中和工作的指导意见》（国资发科创〔2021〕93号），提出严格合理控制煤炭消费增长，统筹煤电发展和保供调峰，严格控制煤电装机规模，根据发展需要合理建设先进煤电，继续有序淘汰落后煤电，加快现役机组节能升级和灵活性改造，推动煤电向基础保障性和系统调节性电源转型；支持企业探索利用退役火电机组的既有厂址和相关设施建设新型储能设施……全面推进风电和太阳能发电大规模、高质量发展，因地制宜发展生物质能，深化对海洋能、地热能等能源的开发利用；坚持集中式与分布式并举，优先推动风能、太阳能就地就近开发利用，加快智能光伏产业创新升级和特色应用；因地制宜开发水电，推动已纳入国家规划、符合生态环保要求的水电项目开工建设；积极安全有序发展核电，培育高端核电装备制造产业集群。

2021年10月29日，《国家发展改革委 国家能源局关于开展全国煤电机组改造升级的通知》（发改运行〔2021〕1519号）以附件的形式发布了《全国煤电机组改造升级实施方案》（以下简称《实施方案》），其主要目标包括到2025年，全国火电平均供电煤耗降至300克标准煤/（千瓦·时）以下；节煤降耗改造：对供电煤耗在300克标准煤/（千瓦·时）以上的煤电机组，应加快创造条件实施节能改造，对无法改造的机组逐步淘汰关停，并视情况将具备条件的转为应急备用电源，"十四五"期间改造规模不低于3.5亿千瓦；供热改造：

鼓励现有燃煤发电机组替代供热，积极关停采暖和工业供汽小锅炉，对具备供热条件的纯凝机组开展供热改造，在落实热负荷需求的前提下，"十四五"期间改造规模力争达到5 000万千瓦；灵活性改造制造：存量煤电机组灵活性改造应改尽改，"十四五"期间完成2亿千瓦，增加系统调节能力3 000～4 000万千瓦，促进清洁能源消纳，"十四五"期间，实现煤电机组灵活制造规模达1.5亿千瓦。

2021年10月23日，生态环境部办公厅印发了《关于做好全国碳排放权交易市场数据质量监督管理相关工作的通知》（环办气候函〔2021〕491号），要求发电行业重点排放单位迅速开展数据质量自查工作。重点核实燃料消耗量、燃煤热值、元素碳含量等实测参数在采样、制样、送样、化验检测、核算等环节的规范性和检测报告的真实性，供电量、供热量、供热比等相关参数的真实性、准确性，重点排放单位生产经营、排放报告与现场实际情况的一致性，有关原始材料、煤样等保存时限是否合规等。

2021年5月24日，生态环境部印发《环境信息依法披露制度改革方案》（环综合〔2021〕43号），要求企业主动披露生态环保法律法规执行情况和环境治理情况，引导和督促企业自觉守法、履行责任，全面提升环保意识、改进环境行为。

2021年5月14日，生态环境部发布了《生态环境部关于发布〈碳排放权登记管理规则（试行）〉〈碳排放权交易管理规则（试行）〉和〈碳排放权结算管理规则（试行）〉的公告》（公告 2021年 第21号）。其中，《碳排放权登记管理规则（试行）》规定，注册登记机构通过全国碳排放权注册登记系统对全国碳排放权的持有、变更、清缴和注销等实施集中统一登记。注册登记系统记录的信息是判断碳排放配额归属的最终依据；每个登记主体只能开立一个登记账户。《碳排放权交易管理规则（试行）》规定，碳排放权交易应当通过全国碳排放权交易系统进行，可以采取协议转让、单向竞价或者其他符合规定的方式。全国碳排放权交易市场的交易产品为碳排放配额，生态环境部可以根据国家有关规定适时增加其他交易产品。《碳排放权结算管理规则（试行）》规定，注册登记机构负责全国碳排放权交易的统一结算，管理交易结算资金，防范结算风险；当日结算完成后，注册登记机构向交易主体发送结算数据。

3.2.3 技术规范

2022年1月15日，生态环境部印发《环境影响评价技术导则 生态影响》（HJ 19—2022）（公告2022年 第1号），明确建设项目应符合生态保护红线、国土空间规划、生态环境分区管控方案等要求；要求结合行业特点，明确项目评价范围的确定原则、开展生态跟踪监测的不同情形和要求以及生态保护措施专题设计和研究等的管理要求。

2021年12月22日，经国家能源局批准，电力行业标准《火电厂烟气二氧化碳排放连续监测技术规范》（DL/T 2376—2021）公开发布，并于2022年3月22日正式实施。该标准规定了火电厂烟气二氧化碳排放连续监测系统的组成和功能、技术性能、监测站房、安装、调试检测、技术验收、运行管理及数据审核和处理的有关要求。

2021年11月6日，生态环境部印发《排污许可证申请与核发技术规范 工业固体废物（试行）》（公告2021年 第53号）（以下简称《技术规范》），明确了排污单位和固废设施的环境管理要求，通过环境管理台账和执行报告可追溯、查询工业固体废物合规情况，实现对排污单位产生的工业固体废物的全过程管控。《技术规范》要求许可证中载明工业固体废物的基本信息，包括排污单位产生的所有工业固体废物种类、产生环节，工业固体废物自行贮存/利用/处置设施的位置、能力等；提出了污染防控技术要求，包括应履行的工业固体废物相关环境管理要求，自行贮存/利用/处置设施生产运行期应落实的污染防控技术要求。

第二部分

全国碳市场进展回顾

4 政策与制度

4.1 政策概述

碳市场具有政策导向性特点，全国碳市场建设过程就是相关政策逐步制定、出台并发挥作用的过程，梳理全国碳市场相关政策有助于厘清和把握全国碳市场的发展脉络。

从历程上看，全国碳市场大致经历了探索期、设计期、实践期三个发展阶段，体现了从总体布置、试点推进到全国碳市场构建等各发展阶段特点。2011年3月16日，《中华人民共和国国民经济和社会发展第十二个五年规划纲要》明确提出要"逐步建立碳排放交易市场"，并将其作为一项重要任务纳入了"十二五"政府工作计划；同年10月29日，《国家发展改革委办公厅关于开展碳排放权交易试点工作的通知》（发改办气候〔2011〕2601号）批准了北京、天津、上海、重庆、湖北、广东及深圳七省（市）开展碳排放权交易试点，标志着我国试点碳市场拉开序幕。2013年11月15日，《中共中央关于全面深化改革若干重大问题的决定》提出"发展环保市场，推行节能量、碳排放权、排污权、水权交易制度"，将碳市场纳入全面深化改革的任务之一统筹考虑。2014年9月19日，《国家发展改革委关于印发国家应对气候变化规划（2014—2020年）的通知》（发改气候〔2014〕2347号）提出"深化碳排放权交易试点""加快建立全国碳排放交易市场""健全碳排放交易支撑体系""研究与国外碳排放交易市场衔接"等要求，明确了未来一段时间碳市场的发展方向和重点；同年12月10日，国家发展改革委印发了《碳排放权交易管理暂行办法》，对配额管理、排放交易、核查与配额清缴、监督管理、法律责任等提出了具体要求。2016年1月11日，《国家发展改革委办公厅关于切实做好全国碳排放权交易市场启动重点工作的通知》（发改办气候〔2016〕57号）从工作目标、任务和保障措施等方面对做好全国碳市场启动前的重点准备工作提出了具体要求。2017年12月18日，国家发展改革委印发《全国碳排放权交易市场建设方案（发电行业）》（发改气候规〔2017〕2191号），明确了全国碳市场建设分为基础建设期、模拟运行期、深化完善期三个阶段，并对市场要素、参与主体、制度建设、配额管理、支撑系统、试点过渡、保障措施等重要方面明确了要求，标志着全国碳市场框架体系构建完成了总体设计。在全国碳市场正式启动上线交易前，生态环境部陆续发布《2019—2020年全国碳排放权交易配额总量设定与分配实施方案（发电行业）》《企业温室气体排放报告核查指南（试行）》《碳排放权交易管理办法（试行）》《碳排放权登记管理规则（试行）》《碳排放权交易管理规则（试行）》《碳排放权结算管理规则（试行）》等政策文件，有效支撑了第一个履约周期内全国碳市场的顺利启动和平稳运行。2021年7月16日，全国碳市场正式启动线上交易。为进一步完善和促进全国碳市场健康可持续发展，生态环境部又陆续发布《关于做好2022年企业温室气体排放报告管理相关重点工作的通知》《关于做好全国碳市场第一个履约周期后续相关工作的通知》《关于做好全国碳排放权交易市场数据质量监督管理相关工作的通知》《关于做好全国碳排放权交易市场第一个履约周期碳排放配额清缴工作的通知》等政策文件。可以看出，在全国碳市场从萌芽到初步成长过程中，政策发挥了重要的引领、支撑和促进作用，随着全国碳市场政策体系的进一步充实和完善，通过碳市场机制发挥低成本减碳效用、支撑国家"双碳"目标落实的效果将更加凸显。

全国碳市场相关法规政策详见附件1。

4.2 制度情况

4.2.1 制度概述

全国碳市场制度主要包括监测、报告与核查制度，配额分配制度，碳排放权交易管理制度，履约清缴制度以及信息公开制度，为碳市场的构建和运行奠定了制度保障。

全国碳市场主要制度构成及运行流程见图4-1。

4.2.2 监测、报告与核查

监测、报告与核查（MRV）是碳排放的量化与数据质量保证过程。其中，监测（Monitoring）是指对温室气体排放或其他有关温室气体数据连续性或周期性的监督及测试；报告（Reporting）是指向相关部门或机构提交有关温室气体排放的数据以及相关文件；核查（Verfication）是指相关机构根据约定的核查准则对温室气体声明进行系统的、独立的评价，并形成文件的过程。

全国碳市场MRV体系的基本工作流程见图4-2。

从全国碳市场早期试点阶段开始，国家就陆续出台了多项文件以规范碳排放的MRV流程。

2013年，《国家发展改革委办公厅关于印发首批10个行业企业温室气体排放核算方法与报告指南（试行）的通知》（发改办气候〔2013〕2526号）规定了发电企业、电网企业、钢铁行业、化工行业、电解铝行业、镁冶炼行业、平板玻璃行业、水泥行业、陶瓷行业及民航行业的温室气体排放核算及报告指南，以指导这些行业规范温室气体排放的MRV内容。

2014年，《国家发展改革委办公厅关于印发第二批4个行业企业温室气体排放核算方法与报告指南（试行）的通知》（发改办气候〔2014〕2920号）补充了石油行业、石化行业、焦化行业、煤炭行业的温室气体排放核算及报告指南。

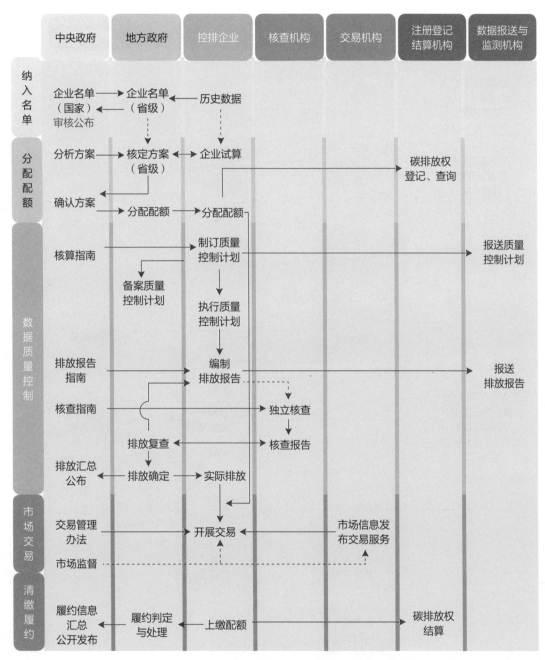

图4-1　全国碳市场主要制度构成及运行流程[7]

[7] 王志轩，潘荔，张建宇.碳排放权交易培训教材［M］.北京：中国环境出版集团，2022.

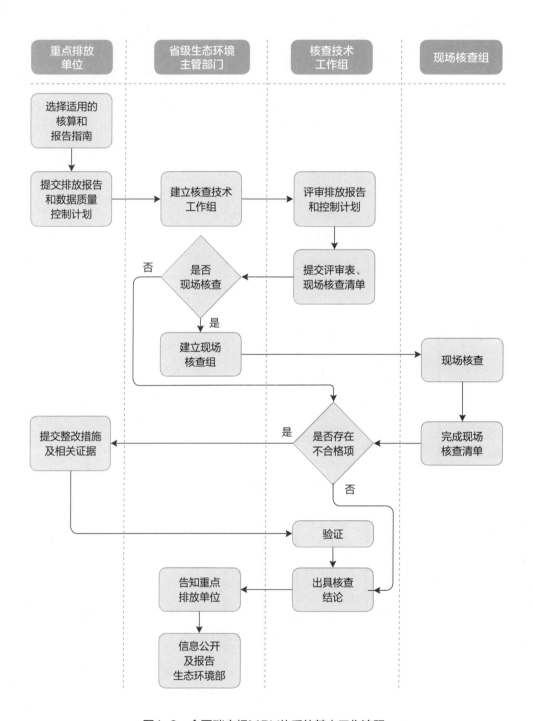

图4-2　全国碳市场MRV体系的基本工作流程

2015年，《国家发展改革委办公厅关于印发第三批10个行业企业温室气体排放核算方法与报告指南（试行）的通知》（发改办气候〔2015〕1722号）补充了造纸行业、其他有色金属行业、电子设备制造行业、机械设备制造行业、矿山行业、食品行业、公共建筑运营单位、路上交通运输行业、氟化工行业及其他工业行业的温室气体排放核算及报告指南，完善了各主要排放行业的MRV内容。

2016年，《国家发展改革委办公厅关于切实做好全国碳排放权交易市场启动重点工作的通知》（发改办气候〔2016〕57号）提出了建设全国碳市场的主要工作任务，重点排放单位的MRV即为重点工作之一。该文件还规定了全国碳市场重点排放单位MRV的基本流程，即企业首先根据发布的相关行业核查指南进行排放数据监测、核算及报告；然后由地方主管部门选择第三方核查机构对企业报送数据进行核查；最后由地方主管部门对核查结果进行审核并上报至国家。该文件的附件也同时规范了《全国碳排放权交易企业碳排放补充数据核算报告模板》《全国碳排放权交易第三方核查机构及人员参考条件》《全国碳排放权交易第三方核查参考指南》。

2016年，国家发展改革委成立了碳排放监测、报告和核查专家咨询组，同时建立了互联网平台——国家温室气体帮助平台，碳市场的各参与方可在平台就温室气体排放管理相关问题、MRV相关问题进行咨询，专家咨询组会在平台对相关MRV问题进行统一的在线回复及答疑。

2017年，国家温室气体帮助平台整理了各行业咨询的MRV典型问题和专家回复，形成了《国家MRV问答平台百问百答》，并将其作为各行业核算与报告指南的补充指导文件，应用到各行业实际的MRV过程中。

2017年12月，《国家发展改革委办公厅关于做好2016、2017年度碳排放报告与核查及排放监测计划制定工作的通知》（发改办气候〔2017〕1989号）除进一步要求各参与方做好2016、2017年度碳排放的MRV工作外，还要求在MRV过程中增报《碳排放补充数据核算报告》，以统计排放企业的生产数据用于配额发放的统计和计算。

2019年4月，生态环境部办公厅发布了《关于做好2018年度碳排放报告与核查及排放监测计划制定工作的通知》（环办气候司函〔2019〕71号），进一步规范了重点排放单位温室气体排放的MRV过程，强调了企业需要进行监测计划的申报。

2019年12月，生态环境部办公厅发布了《关于做好2019年度碳排放报告与核查及发电行业重点排放单位名单报送相关工作的通知》（环办气候函〔2019〕943号），该通知对企业排放监测计划的MRV流程提出了要求，并以附件形式发布了《排放监测计划审核和排放报告核查参考指南》。

2021年3月，生态环境部办公厅发布了《关于加强企业温室气体排放报告管理相关工作的通知》（环办气候〔2021〕9号），要求对发电行业的核算与报告指南进行修订，最终形成了《企业温室气体排放核算方法与报告指南 发电设施》（以下简称《核算指南》）。《核算指南》对首批纳入全国碳市场交易的发电行业的温室气体排放MRV流程进行了重新规范。

2021年3月，生态环境部办公厅印发了《企业温室气体排放报告核查指南（试行）》（环办气候函〔2021〕130号），并将其作为第三方机构进行MRV工作的指导文件，进一步规范了原有的MRV流程和要求。

2022年3月，生态环境部办公厅发布了《关于做好2022年企业温室气体排放报告管理相关重点工作的通知》（环办气候函〔2022〕111号），并再次修订了发电行业指南，最终形成了《企业温室气体排放核算方法与报告指南 发电设施（2022年修订版）》（以下简称《指南修订版》）。

可见，科学完善的MRV体系是碳交易机制建设运营的基本要素，是碳市场建设的重要内容，也是行业企业低碳转型的重要支撑。

根据生态环境部2021年1月公布的《碳排放权交易管理办法（试行）》（生态环境部部令 第19号）（以下简称《管理办法》），重点排放单位应当根据生态环境部制定的温室气体排放核算与报告技术规范，编制该单位上一年度的温室气体排放报告，载明排放量，并于每年3月31日前报送生产经营场所所在地的省级生态环境主管部门。排放报告所涉数据的原始记录和管理台账应当至少保存5年。重点排放单位要对提交的温室气体排放报告的真实性、完整性和准确性负责。重点排放单位编制的年度温室气体排放报告应当定期公开，接受社会监督，涉及国家秘密和商业秘密的除外。省级生态环境主管部门应当组织开展对重点排放单位温室气体排放报告的核查，并将核查结果告知重点排放单位。核查结果应当作为重点排放单位碳排放配额清缴的依据。省级生态环境主管部门可以通过政府购买服务的方式委托技术服务机构提供核查服务。技术服务机构应当对提交的核查结果的真实性、完整性和准确性负责。

本节将从选择适用的核算指南、制订数据质量控制计划并编制排放报告、评审数据质量控制计划、核查排放报告等方面具体阐述全国碳市场运行以来的MRV制度。

（1）核算与报告指南的选择

发电行业各重点排放单位2019年的碳排放数据依照《国家发展改革委办公厅关于印发首批10个行业企业温室气体排放核算方法与报告指南（试行）的通知》（发改办气候〔2013〕2526号）的附件《中国发电企业温室气体排放核算方法与报告指南（试行）》和《国家发展改革委办公厅关于做好2016、2017年度碳排放报告与核查及排放监测计划制定工作的通知》（发改办气候〔2017〕1989号）及生态环境部办公厅《关于做好2019年度碳排放报告与核查及发电行业重点排放单位名单报送相关工作的通知》（环办气候函〔2019〕943号）中的相关要求进行监测、核算及报送。

发电行业各重点排放单位2020年的碳排放数据除依照上述文件进行监测外，还需要依照《关于加强企业温室气体排放报告管理相关工作的通知》（环办气候〔2021〕9号）中附件2《核算指南》的相关要求进行监测、核算及报送。

发电行业各重点排放单位2021年的碳排放数据需要依照《关于加强企业温室气体排放报告管理相关工作的通知》（环办气候〔2021〕9号）中附件2《核算指南》的相关要求进行监测、核算及报送。

发电行业各重点排放单位2022年的碳排放数据需要依照《关于做好2022年企业温室气体排放报告管理相关重点工作的通知》（环办气候函〔2022〕

111号）中附件《指南修订版》的相关要求进行监测、核算及报送。但在《指南修订版》发布之前，也就是2022年1—3月的碳排放数据监测工作仍以2021年的文件《关于加强企业温室气体排放报告管理相关工作的通知》（环办气候〔2021〕9号）中附件2《核算指南》的要求为准。

（2）数据质量控制计划的制订与审核

发电行业各重点排放单位应按适用的指南要求制订数据质量控制计划（监测计划），计划的符合性和可行性需要进行第三方审核机构的审核，确定后按时报送碳交易主管部门备案。企业应按经备案的数据质量控制计划实施监测活动，若企业实际情况与计划发生偏离，发电企业应按照碳交易主管部门的要求修订计划。在制订数据质量控制计划过程中，需要特别注意核算边界的确认，排放源的识别以及碳排放活动数据、排放因子数据、配额分配相关数据的确定方式等。以《指南修订版》为例，按照《关于做好2022年企业温室气体排放报告管理相关重点工作的通知》（环办气候函〔2022〕111号），发电行业各重点排放单位需要按照《指南修订版》于2022年3月31日前通过环境信息平台更新数据质量控制计划，并依据更新的数据质量控制计划，自2022年4月起在每月结束后的40日内，由获得中国计量认证（CMA）资质或经过中国合格评定国家认可委员会（CNAS）认可的检验检测机构对元素碳含量等参数进行检测，并对以下台账和原始记录通过环境信息平台进行存证。

1）核算边界。发电企业各重点排放单位的核算边界为发电设施，主要包括燃烧系统、汽水系统、电气系统、控制系统和除尘及脱硫脱硝装置等，不包括厂内其他辅助生产系统以及附属生产系统。发电设施核算边界如图4-3所示。

2）排放源。发电设施温室气体排放核算和报告范围包括化石燃料燃烧产生的二氧化碳排放、购入使用电力产生的二氧化碳排放。其中，化石燃料燃烧产生的二氧化碳排放一般包括发电锅炉（含启动锅炉）、燃气轮机等主要生产系统消耗化石燃料产生的二氧化碳排放，不包括应急柴油发电机组、移动源、食堂等其他设施消耗化石燃料产生的排放。对于掺烧化石燃料的生物质发电机组、垃圾焚烧发电机组等产生的二氧化碳排放仅统计燃料中化石燃料的二氧化碳排放。

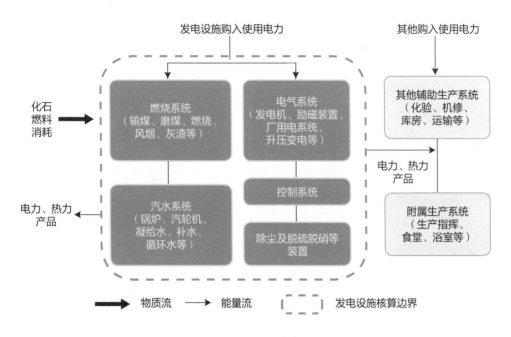

图4-3　发电设施核算边界[8]

（3）排放报告的编制与核查

在排放报告编制方面，发电行业各重点排放单位应按适用的指南要求编制上一年度的温室气体排放报告，一般于每年3月31日前报送至生产经营场所所在地的省级生态环境主管部门。同时，企业还需要通过环境信息平台（全国排污许可证管理信息平台）按时填报温室气体排放情况、有关生产数据及支撑材料。在排放报告核查方面，根据《企业温室气体排放报告核查指南（试行）》（环办气候函〔2021〕130号），省级生态环境主管部门可以通过政府购买服务的方式委托技术服务机构组织开展排放报告的核查，一般应于每年6月30日前完成报告核查，其工作内容主要包括组织开展核查、告知核查结果、处理异

---

[8]《企业温室气体排放核算方法与报告指南　发电设施（2022年修订版）》。

议并作出复核决定、完成系统填报和向生态环境部应对气候变化司书面报告等。考虑到新冠肺炎疫情影响，各地可根据《关于高效统筹疫情防控和经济社会发展 调整2022年企业温室气体排放报告管理相关重点工作任务的通知》（环办气候函〔2022〕229号）将2021年度发电行业重点排放单位碳排放核查等工作的完成时限延至2022年9月底前完成。

1）关键数据获取。用于计算碳排放数据的基础指标按类别可分为实测值、计算值、缺省值和其他。其中，实测值包括燃煤（油气）消耗量、燃煤（油气）的低位发热量、燃煤（油气）的单位热值含碳量、购入电量、发电量、供热量等，来自仪表的直接计量或化验设备的直接检验结果。计算值包括供热比、供电煤耗、供热煤耗、负荷率等，通过各监测参数计算得到。缺省值包括碳氧化率和电网排放因子（用于计算间接排放），以及各种燃料相关参数（如低位发热量、单位热值含碳量等）在未实际计量时采用的缺省值。此外，其他相关指标还包括运行小时数等统计数据以及各机组发电燃料类型、装机容量、压力参数/机组类型、汽轮机排汽冷却方式等机组基本参数，来自各设备的铭牌及操作规程文件。根据相关规定，国家鼓励重点排放单位开展碳排放相关参数的实测，鼓励其不断提高数据管理能力和计量监测水平，还明确规定了关键参数的数据测量与获取要求。其中，燃料消耗量是体现活动水平的重要参数，规定采用"实际测量值"来确定，且优先采用"入炉煤测量数值"，其次采用"入厂煤盘存测量数值"统计消耗量，这明确了化石燃料消耗量的优先级顺序，即生产系统记录的数据、购销存台账中的消耗量数据、供应商结算凭证的购入量数据，并且规定在之后各个核算年度的获取优先序不应降低。燃煤的元素碳含量和收到基低位发热量是重要的碳排放因子，按照相关规定，应优先采用每日入炉煤测量数值，单位热值含碳量则由月度燃煤缩分样的实测元素碳含量与低位发热量的比值计算得出。若重点排放单位开展自行检测，应确保使用了适当的方法和程序开展检测、记录和报告等实验室活动；若委托外部机构检测，应确保被委托的实验室通过了CMA认定或CNAS认可。发电企业逐渐意识到元素碳含量实测的必要性，开始采用自检或送检的方式开展元素碳含量的实测。

2）排放量计算。排放源包括化石燃料燃烧产生的二氧化碳排放和购入使用电力产生的二氧化碳排放。发电设施产生的二氧化碳排放量等于化石燃料燃烧产生的二氧化碳排放量和购入使用电力产生的二氧化碳排放量之和。以《指南修订版》为例。

$$E=E_{燃烧}+E_{电} \tag{4-1}$$

式中：E —— 发电设施产生的二氧化碳排放量，单位为吨二氧化碳；

$E_{燃烧}$——化石燃料燃烧产生的二氧化碳排放量，单位为吨二氧化碳；

$E_{电}$——购入使用电力产生的二氧化碳排放量，单位为吨二氧化碳。

化石燃料燃烧产生的二氧化碳排放量是统计期内发电设施各种化石燃料燃烧产生的二氧化碳排放量的加和。

$$E_{燃烧}=\sum_{i=1}^{n}\left(FC_i \times C_{ar,i} \times OF_i \times \frac{44}{12}\right) \tag{4-2}$$

式中：$E_{燃烧}$ —— 化石燃料燃烧产生的二氧化碳排放量，单位为吨二氧化碳；

FC_i——第i种化石燃料的消耗量，对固体或液体燃料，单位为吨；对气体燃料，单位为万标准立方米；

$C_{ar,i}$——第i种化石燃料的收到基元素碳含量，对固体或液体燃料，单位为吨碳/吨；对气体燃料，单位为吨碳/万标准立方米；

OF_i——第i种化石燃料的碳氧化率，单位为%；

44/12——二氧化碳与碳的相对分子质量之比；

i——化石燃料类型代号。

购入使用电力产生的二氧化碳排放量等于购入使用电量与电网排放因子的乘积。

$$E_{电}=AD_{电} \times EF_{电} \tag{4-3}$$

式中：$E_{电}$——购入使用电力产生的二氧化碳排放量，单位为吨二氧化碳；

$AD_{电}$——购入使用电量，单位为兆瓦·时；

$EF_{电}$——电网排放因子，单位为吨二氧化碳/（兆瓦·时）。

3）核查程序。根据《企业温室气体排放报告核查指南（试行）》，核查流程包括核查安排、建立核查技术工作组、文件评审、建立现场核查组、实施现场核查、出具《核查结论》、告知核查结果、保存核查记录八个步骤。核查工作流程见图4-4。

（4）监督管理

由省级生态环境主管部门组织辖区的市级生态环境主管部门，按照"双随机、一公开"的方式对名录内的重点排放单位进行日常监管与执法，随机抽取核查对象、选派核查机构，核查情况和结果及时向社会公开（企业自证原则）。

4.2.3　覆盖范围

覆盖范围一般重点考虑覆盖行业、覆盖气体和纳入标准。因受测算排放量所涉及的能力与成本、履约控制手段的可用性、体系管理的行政负担等诸多因素影响，目前国际现行的碳排放权交易体系的覆盖范围主要包括数据统计基础较好的、减排潜力较大的大型排放源。

根据《管理办法》，温室气体排放单位属于全国碳排放权交易市场覆盖行业[9]，且年度温室气体排放量达到2.6万吨二氧化碳当量的排放单位应当列入温室气体重点排放单位；对于连续两年温室气体排放未达到2.6万吨二氧化碳当量或因停业、关闭或者其他原因不再从事生产经营活动因而不再排放温室气体的排放单位，确定名录的省级生态环境主管部门应当将其从温室气体重点排放单位名录中移出。全国碳市场覆盖的温室气体种类和行业范围由生态环境部拟定，按程序报批后实施，并向社会公开。省级生态环境主管部门应当按照生态环境部的有关规定，确定本行政区域温室气体重点排放单位名录，并向生态环境部报告、向社会公开。

根据《全国碳排放权交易市场建设方案（发电行业）》（以下简称《碳市

---

[9] 根据《国家发展改革委办公厅关于切实做好全国碳排放权交易市场启动重点工作的通知》（发改办气候〔2016〕57号），全国碳排放权交易市场第一阶段将涵盖石化、化工、建材、钢铁、有色金属、造纸、电力、航空等重点排放行业。

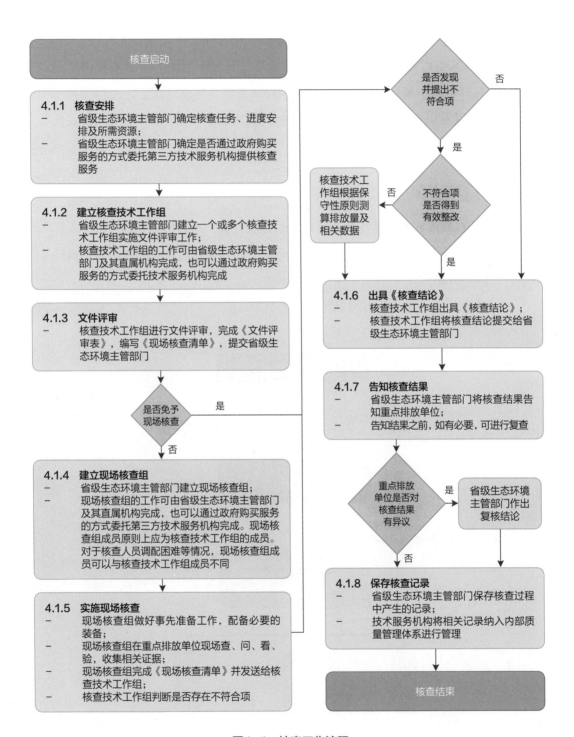

图4-4　核查工作流程

场建设方案》），全国碳排放权交易体系的初期交易主体为发电行业重点排放单位，即发电行业年度排放量达到2.6万吨二氧化碳当量（综合能源消费量约1万吨标准煤）及以上的企业或者其他经济组织。年度排放量达到2.6万吨二氧化碳当量及以上的其他行业自备电厂视同发电行业重点排放单位管理。在此基础上，逐步扩大覆盖范围。

4.2.4 配额分配

碳排放权配额分配是指根据所设定的排放目标，由政府主管部门对纳入体系内的控排企业分配碳排放配额。配额分配是构建碳排放体系的前提和关键环节，其主要目的是明确相关主体的履约责任。

全国碳市场配额分配体系的工作流程见图4-5。

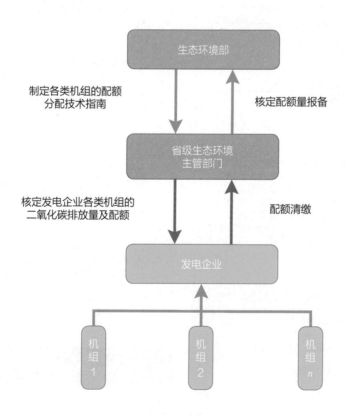

图4-5 全国碳市场配额分配体系的工作流程

（1）总量设定

碳排放权交易体系的排放总量限定了在一段指定时间内可供发放的配额总量，从而限定了排放对象的排放总量。根据总排放目标调整配额总量，在排放对象中分配减排责任[10]。

根据《碳市场建设方案》，配额总量设定遵循"适度从紧"的原则。根据《管理办法》，配额总量设定应综合考虑经济增长、产业结构调整、能源结构优化、大气污染物排放协同控制等因素，制定碳排放配额总量确定与分配方案。

全国碳市场首个履约周期（管控年份为2019—2020年，履约年份为2021年）的碳排放配额总量采取自下而上汇总上报的形式确认。省级生态环境主管部门根据本行政区域内重点排放单位2019—2020年的实际产出量、配额分配方法以及碳排放基准值核定各重点排放单位的配额数量，将核定后的本行政区域内各重点排放单位配额数量进行加总，形成省级行政区域配额总量；再将各省级行政区域配额总量加总，最终确定全国配额总量。

（2）分配方法

根据《管理办法》，碳排放配额分配以免费分配为主，可以根据国家有关要求适时引入有偿分配。生态环境部根据国家温室气体排放控制要求，综合考虑经济增长、产业结构调整、能源结构优化、大气污染物排放协同控制等因素，制定碳排放配额总量确定与分配方案。省级生态环境主管部门应当根据生态环境部制定的碳排放配额总量确定与分配方案向本行政区域内的重点排放单位分配规定的年度碳排放配额。省级生态环境主管部门确定碳排放配额后，应当书面通知重点排放单位。重点排放单位对分配的碳排放配额有异议时，可以自接到通知之日起7个工作日内，向分配配额的省级生态环境主管部门申请复核；省级生态环境主管部门应当自接到复核申请之日起10个工作日内作出复核决定。

———

[10] 王志轩，潘荔，张建宇.碳排放权交易培训教材［M］.北京：中国环境出版集团，2022.

　　全国碳市场配额分配方案是在经过多轮科学严谨、代表广泛的论证后才最终确定公布。2020年12月30日，生态环境部发布《2019—2020年全国碳排放权交易配额总量设定与分配实施方案（发电行业）》（国环规气候〔2020〕3号）（以下简称《配额分配方案》）。该方案要求对2019—2020年的配额全部实行免费分配，并采用基准法核算重点排放单位所拥有机组的配额量。重点排放单位的配额量为其所拥有的各类机组配额量总和。该方案针对燃煤机组和燃气机组制定了配额分配技术指南，其中主要是针对不同类别的机组设定相应碳排放基准值，并按机组类别进行配额分配。

　　根据《配额分配方案》，采用基准法核算机组配额总量的公式为机组配额总量=供电基准值×实际供电量×修正系数+供热基准值×实际供热量。考虑到机组固有的技术特性等因素，故引入了修正系数以进一步提高同一类别机组配额分配的公平性；暂不设地区修正系数。

　　纳入配额管理的机组判定标准见表4-1；2019—2020年各类别机组的碳排放基准值见表4-2。

表4-1　纳入配额管理的机组判定标准

机组分类	判定标准
300兆瓦等级以上常规燃煤机组	以烟煤、褐煤、无烟煤等常规电煤为主体燃料且额定功率不低于400兆瓦的发电机组
300兆瓦等级及以下常规燃煤机组	以烟煤、褐煤、无烟煤等常规电煤为主体燃料且额定功率低于400兆瓦的发电机组
燃煤矸石、煤泥、水煤浆等非常规燃煤机组（含燃煤循环流化床机组）	以煤矸石、煤泥、水煤浆等非常规电煤为主体燃料（完整履约年度内，非常规燃料热量的年均占比应超过50%）的发电机组（含燃煤循环流化床机组）
燃气机组	以天然气为主体燃料（完整履约年度内，其他掺烧燃料热量的年均占比不超过10%）的发电机组

表4-2　2019—2020年各类别机组的碳排放基准值

机组类别	机组分类	供电基准值/ 吨二氧化碳/（兆瓦·时）	供热基准值/ 吨二氧化碳/吉焦
Ⅰ	300兆瓦等级以上常规燃煤机组	0.877	0.126
Ⅱ	300兆瓦等级及以下常规燃煤机组	0.979	0.126
Ⅲ	燃煤矸石、水煤浆等非常规燃煤机组（含燃煤循环流化床机组）	1.146	0.126
Ⅳ	燃气机组	0.392	0.059

专栏4-1

配额分配类型

配额分配类型大体分为免费分配和有偿分配两种，其中，免费分配的方法包括基准线法、历史强度法和历史排放总量法，有偿分配可以采用拍卖或者固定价格出售的方式进行。

1.基准线法

基准线法又称为标杆法，是指基于行业碳排放强度基准值分配配额。行业碳排放强度基准值一般是根据行业内纳入企业的历史碳排放强度水平、技术水平、减排潜力以及与该行业有关的产业政策、能耗目标等综合确定的。基准线法对历史数据的质量要求较高，一般根据重点排放单位的实物产出量（活动水平）、所属行业基准、年度减排系数和调整系数4个要素计算重点排放单位的配额。基准线法有利于激励技术水平高、碳排放强度低的先进企业。凡是在基准线以上的企业，生产得越多，配额富余就越多，就可以通过碳市场获取更多利益。相反地，经营管理差、技术水平低的企业，若是生产得越多，配额购买负担就越大。

2.历史强度法

历史强度法是指根据排放单位的产品产量、历史强度值、减排系数等分配配额的一种方法。根据排放单位的实物产出量（活动水平）、历史强度值、年度减排系数和调整系数4个要素计算排放单位的配额。例如，中国部分试点采用的是将前几个年度的二氧化碳平均排放强度作为基准值，该方法介于基准线法和历史排放总量法之间，是在碳市场建设初期，行业和产品标杆数据缺乏情况下确定碳配额的过渡性方法。

3.历史排放总量法

历史排放总量法又称为"祖父法"，是不考虑排放对象的产品产量，只根据历史排放值分配配额的一种方法，以纳入配额管理的对象在过去一定年度的碳排放数据为主要依据，确定其未来年度碳排放配额。

4.拍卖

碳配额拍卖是指政府主管部门通过公开或者密封竞价的方式将碳排放配额分配给出价最高的买方。碳配额拍卖是一种同质拍卖，即竞拍者对同一种商品（配额）在不同的价格水平上提出购买意愿，最终以某种机制确定成交价格。拍卖的配额主要是除免费配额外的储备配额。

5.固定价格出售

固定价格出售是政府主管部门综合考虑温室气体排放活动的外部成本、温室气体减排的平均成本、行业企业的减排潜力、温室气体减排目标、经济和社会发展规划以及碳排放权交易的行政成本等因素后，制定碳排放配额的价格并公开出售给纳入碳体系的控排主体。

4.2.5　碳排放权交易管理

碳排放权交易主要由交易主体、交易产品、交易规则、交易机构、交易行为等要素构成。碳排放权交易管理制度需要建立有效防范价格异常波动的调节机制和防止市场操纵的风险控制机制，以确保市场要素完整、公开透明、运行有序。

全国碳市场的碳排放权交易管理流程见图4-6。

（1）注册登记。根据《碳排放权登记管理规则（试行）》，注册登记机构通过注册登记系统对全国碳排放权的持有、变更、清缴和注销等实施集中统一登记；注册登记系统记录的信息是判断碳排放配额归属的最终依据；全国碳排放权登记主体是重点排放单位以及符合规定的机构和个人；每个登记主体只能开立一个登记账户；登记主体可以通过注册登记系统查询碳排放配额持有数量和持有状态等信息；登记主体申请开立登记账户时，应当根据注册登记机构有关规定提供申请材料，并确保相关申请材料真实、准确、完整、有效；各级生态环境主管部门及其相关直属业务支撑机构的工作人员和注册登记机构、交

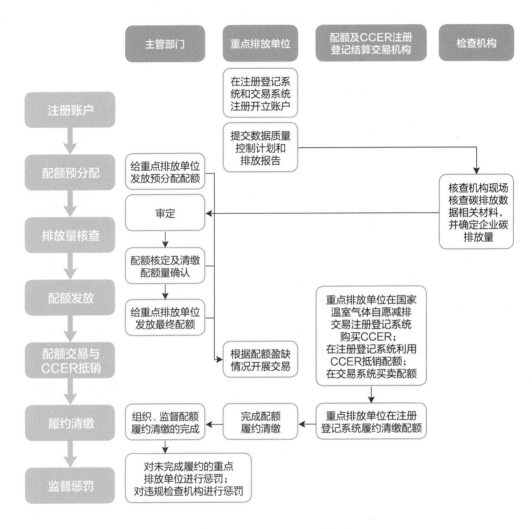

图4-6　全国碳市场的碳排放权交易管理流程

易机构、核查技术服务机构及其工作人员不得持有碳排放配额。已持有碳排放配额的，应当依法予以转让。注册登记机构负责全国碳排放权交易的统一结算，管理交易结算资金，防范结算风险；在当日交易结束后，注册登记机构应当根据交易系统的成交结果，按照货银对付的原则，以每个交易主体为结算单位，通过注册登记系统进行碳排放配额与资金的逐笔全额清算[11]和统一交收[12]；当日结算完成后，注册登记机构要向交易主体发送结算数据。

（2）碳排放权交易。根据《碳排放权交易管理规则（试行）》，全国碳排放权交易主体包括重点排放单位以及符合国家有关交易规则的机构和个人；交易产品为碳排放配额，生态环境部可以根据国家有关规定适时增加其他交易产品；碳排放权交易应当通过全国碳排放权交易系统进行，可以采取协议转让、单向竞价或者其他符合规定的方式；每个交易主体只能开设一个交易账户；碳排放配额交易以"每吨二氧化碳当量价格"为计价单位，买卖申报量的最小变动计量为1吨二氧化碳当量，申报价格的最小变动计量为0.01元人民币。

2021年6月22日，上海环境能源交易所正式发布《关于全国碳排放权交易相关事项的公告》（沪环境交〔2021〕34号）（以下简称《公告》）。《公告》规定了交易方式：一是挂牌协议交易[13]，交易主体查看实时挂单行情，以价格优先的原则，在对手方实时最优五个价位内以对手方价格为成交价依次选择，提交申报完成交易。二是大宗协议交易[14]，交易主体可发起买卖申报，或与已发起申报的交易对手方进行对话议价或直接与对手方成交。交易双方就交易价格与交易数量等要素协商一致后确认成交。三是单向竞价，交易主体向交易机构提出卖出申请，交易机构发布竞价公告，符合条件的意向受让方按照规定报价，在约定时间内通过交易系统成交。《公告》也明确了交易时段：除法定节假日及交易机构公告的休市日外，采取挂牌协议方式的交易时段为每周一至周五的9：30—11：30、13：00—15：00，采取大宗协议方式的交易时段为每周一至周五的13：00—15：00，采取单向竞价方式的交易时段由交易机构另行公告。

---

[11] 清算：按照确定的规则计算碳排放权和资金应收应付数额的行为。

[12] 交收：根据确定的清算结果，通过变更碳排放权和资金履行相关债权债务的行为。

[13] 挂牌协议交易单笔买卖最大申报数量应当小于10万吨二氧化碳当量。开盘价为当日挂牌协议交易第一笔成交价。当日无成交的，以上一个交易日收盘价为当日开盘价。收盘价为当日挂牌协议交易所有成交的加权平均价。当日无成交的，以上一个交易日的收盘价为当日收盘价。

[14] 大宗协议交易单笔买卖最小申报数量应当不小于10万吨二氧化碳当量。

（3）风险管理。根据《碳排放权交易管理规则（试行）》，生态环境部应建立当交易价格出现异常波动时即被触发的市场调节保护机制，以维护全国碳排放权交易市场健康发展。交易机构应建立风险管理制度，其中主要包括涨跌幅限制制度、最大持仓量限制制度、大户报告制度、风险警示制度、风险准备金制度和异常交易监控制度。各项制度的具体内容如下：①涨跌幅限制制度。挂牌协议交易的成交价格在上一个交易日收盘价的±10%之间确定。大宗协议交易的成交价格在上一个交易日收盘价的±30%之间确定。②最大持仓量限制制度。交易主体的交易产品持仓量不得超过交易机构规定的限额。③大户报告制度。交易主体的持仓量达到交易机构规定的大户报告标准的，交易主体应当向交易机构报告。④风险警示制度。交易机构可以采取要求交易主体报告情况、发布书面警示和风险警示公告、限制交易等措施警示和化解风险。⑤风险准备金制度。风险准备金是指由交易机构设立，用于为维护碳排放权交易市场正常运转提供财务担保和弥补不可预见风险带来的亏损的资金。⑥异常交易监控制度。交易主体违反相关规则，对市场正在产生或者将要产生重大影响时，交易机构可以限制该交易主体资金或者交易产品的划转和交易，以及相关账户的使用。

4.2.6　履约清缴

履约是每个碳排放权交易履约周期的最后一个环节，也是确保碳市场对控排企业具有约束力的基础，企业在履约周期末所上交的碳配额或抵销量应大于或等于其在该履约周期的经核查排放量，否则不合规。

（1）履约清缴。根据《管理办法》，重点排放单位应当在生态环境部规定的时限内，向分配配额的省级生态环境主管部门清缴上年度的碳排放配额；清缴量应当大于等于省级生态环境主管部门核查结果确认的该单位上年度温室气体实际排放量；若重点排放单位未按时足额清缴碳排放配额，其生产经营场所所在地的市级以上地方生态环境主管部门可责令限期改正，并处两万元以上三万元以下的罚款；逾期未改正的，对欠缴部分，由重点排放单位生产经营场

所所在地的省级生态环境主管部门等量核减其下一年度的碳排放配额。根据
《配额分配方案》，为降低配额缺口较大的重点排放单位所面临的履约负担，
在第一个履约周期内的配额清缴相关工作中设定配额履约缺口上限，其值为重
点排放单位经核查排放量的20%，即当重点排放单位的配额缺口量占其经核查
排放量比例超过20%时，其配额清缴义务最高为其获得的免费配额量加20%的
经核查排放量；同时，为鼓励燃气机组发展，在第一个履约周期内的燃气机组
配额清缴工作中，当燃气机组经核查排放量不低于核定的免费配额量时，其配
额清缴义务为已获得的全部免费配额量；当燃气机组经核查排放量低于核定的
免费配额量时，其配额清缴义务为与燃气机组经核查排放量等量的配额量。此
外，根据《关于做好全国碳市场第一个履约周期后续相关工作的通知》（环办
气候函〔2021〕492号），要求确保2021年12月15日17时前，本行政区域95%的
重点排放单位完成履约，12月31日17时前，全部重点排放单位完成履约，对未
按时足额清缴配额的重点排放单位，依据《管理办法》相关规定处理，有关处
理情况于2022年1月15日前报送生态环境部。

（2）抵销机制。抵销机制是指碳排放权交易体系允许被覆盖重点排放单
位使用除配额外的"抵销"额度履约，抵销量可源自未被碳排放权交易体系覆
盖行业或地区中的单位。国家应对气候变化主管部门于2012年发布了《温室
气体自愿减排交易管理暂行办法》（发改气候〔2012〕1668号），建立了国
家温室气体自愿减排交易机制。该机制支持将我国境内的可再生能源、林业碳
汇等温室气体减排效果明显、生态效益突出的项目开发为温室气体自愿减排
项目，项目产生的减排量经量化核证后，可以向市场出售并获得一定的资金
收益。《管理办法》规定了"重点排放单位每年可以使用国家核证自愿减排
量（CCER）抵销碳排放配额的清缴，抵销比例不得超过应清缴碳排放配额的
5%"。同时，《关于做好全国碳排放权交易市场第一个履约周期碳排放配额清
缴工作的通知》（环办气候函〔2021〕492号），规定了用于配额清缴抵销的
CCER应同时满足如下要求：一是抵销比例不超过应清缴碳排放配额的5%，二
是不得纳入来自全国碳市场配额管理的减排项目；规定了使用CCER抵销配额

清缴的具体程序，包括在自愿减排注册登记系统和交易系统开立账户、重点排放单位购买CCER、重点排放单位提交申请表、省级生态环境主管部门确认、重点排放单位注销CCER、国家气候战略中心核实重点排放单位注销情况、全国碳排放权注册登记机构办理CCER抵销配额清缴登记和CCER抵销配额清缴登记查询8个步骤。

（3）处罚机制。处罚机制是指对逾期或不足额清缴的控排企业依法依规予以处罚，并将相关信息纳入全国信用信息共享平台实施联合惩戒。

4.2.7　信息公开

《企业温室气体排放核算方法与报告指南　发电设施》及其修订版本均要求重点排放单位定期公开温室气体排放报告的相关信息，以接受社会监督。需要定期公开的信息主要包括以下七类：一是基本信息，如重点排放单位应公开排放报告中的单位名称、统一社会信用代码、排污许可证编号、法定代表人姓名、生产经营场所地址及邮政编码、行业分类、纳入全国碳市场的行业子类等信息。二是机组及生产设施信息，如重点排放单位应公开排放报告中的燃料类型、燃料名称、机组类型、装机容量、锅炉类型、汽轮机类型、汽轮机排汽冷却方式、负荷（出力）系数等信息。三是低位发热量和单位热值含碳量的确定方式，如重点排放单位应公开排放报告中的低位发热量和单位热值含碳量确定方式，自行检测的应公开检测设备、检测频次、设备校准频次和测定方法标准信息，委托检测的应公开委托机构名称、检测报告编号、检测日期和测定方法标准信息，未实测的应公开选取的缺省值。四是排放量信息，如重点排放单位应公开排放报告中每台机组的化石燃料燃烧排放量、购入使用电力排放量和二氧化碳排放量，以及全部机组的二氧化碳排放总量。五是生产经营变化情况，至少包括重点排放单位合并、分立、关停或搬迁情况，发电设施地理边界变化情况，主要生产运营系统关停或新增项目生产等情况以及其他较上一年度的变化情况。六是编制温室气体排放报告的技术服务机构情况，重点排放单位应公开编制温室气体排放报告的技术服务机构名称和统一社会信用代码。七是清缴履约情况，重点排放单位应公开其是否完成了清缴履约。

　　根据《关于做好2022年企业温室气体排放报告管理相关重点工作的通知》，发电行业重点排放单位应开展信息公开，即在2022年3月31日前通过环境信息平台公布全国碳市场第一个履约周期（2019—2020年度）经核查的温室气体排放相关信息；涉及国家秘密和商业秘密的，由重点排放单位向省级生态环境主管部门依法提供证明材料，删减相关涉密信息后公开其余信息。

5 运行与成效

在总结、借鉴国际和国内试点碳市场经验的基础上，经过基础建设、模拟运行，全国碳市场于2021年7月16日启动上线交易，年覆盖约45亿吨二氧化碳排放量。从可交易的二氧化碳排放量规模上看，全国碳市场是全球规模最大的碳市场；从运行上看，上线交易一年以来，全国碳市场运行总体平稳，碳配额的价格在40～60元/吨波动，其间没有出现暴涨暴跌的情况；按履约量计，履约完成率为99.5%，交易量满足企业履约的基本需求，符合碳市场作为减排政策工具的预期；从成效上看，全国碳市场的基本框架已初步建立，价格发现机制的作用已初步显现，企业减排的意识和能力水平得到了有效提高，促进企业减排温室气体和加快绿色低碳转型的作用已初步显现。

5.1 碳排放数据

碳排放数据的质量是碳市场平稳运行的生命线。自2013年起，发电行业各重点排放单位已陆续开展了每年碳排放数据的核算、报送与核查。在第一个履约周期内，发电行业各重点排放单位作为首批被纳入全国碳市场交易的企业，继续按要求对各自企业每年的排放情况进行了监测和报送，并按照管理部门的相关要求，履行全国碳市场第一履约周期碳排放数据的核查、配额交易及履约手续，积极配合管理部门对碳排放数据的质量监督和整改工作。重点排放单位的燃煤元素碳含量实测率从2018年的30%左右提高到了目前的90%左右。

发电集团应建立碳排放信息化管理平台，以实现碳排放数据的质量监督，提高碳排放数据的管理效率。发电行业各重点排放单位应按照相关要求完成碳排放核算报告，重点保证燃料消耗量、燃煤热值、元素碳含量等实测参数在采样、制样、送样、化验检测、核算等环节的规范性，以及检测报告的真实性，确保供电量、供热量、供热比等相关参数的真实性和准确性，重点排放单位的生产经营、排放报告与现场实际情况应保持一致，有关原始材料、煤样等的保存时限应合规等。通过多源数据比对，识别异常数据并进一步核验确认。

2021年9月12日，生态环境部印发《碳监测评估试点工作方案》（环办监测函〔2021〕435号），组织对重点行业、城市和区域开展碳监测评估试点。其中，火电是重点行业之一，主要探索连续监测方法的适用性。本着自愿原则，中国华电、国家能源集团、国家电投三个公司所属的18家发电企业、22台机组参与了碳监测试点工作。根据中国环境监测总站（碳监测评估试点具体实施单位）的阶段性工作成果，在设备安装方面，试点单位以现有污染物烟气在线监测系统（CEMS）为基础，通过增加二氧化碳浓度监测模块的方式开展了试点监测，少数试点安装有两套二氧化碳浓度、流量监测设备用于比对；国产设备和进口设备大致各占一半。目前，试点工作还在进行中，为探索碳排放在线监测技术在火电领域的应用奠定了基础。

5.2 覆盖范围

5.2.1 覆盖行业

全国碳市场初期以发电行业为突破口率先启动，首批纳入重点排放单位2 162家，初期只纳入了二氧化碳一种温室气体。发电行业参与全国碳市场具有以下基础：一是中国电力行业以高碳属性的化石能源发电为主，二氧化碳排放量较大，年覆盖约45亿吨二氧化碳排放量，约占全社会碳排放总量的40%。发电行业率先纳入全国碳市场，能够充分地发挥碳市场机制控制发电行业二氧化碳排放的积极作用。二是发电行业工艺流程相对清晰，管理较为规范健全，碳排放相关数据质量基础较好。准确、有效获取碳排放数据是开展碳交易的前提和基础。发电行业产品单一，碳排放相关数据的计量设施完备，整个行业的自动化管理程度高，数据易于核实，配额便于分配。三是国外碳市场都将发电行业作为优先纳入的行业，具有较强的借鉴意义和参考价值。此外，参与全国碳市场的控排单位不再参加地方碳市场的交易。

5.2.2 重点排放单位

纳入全国碳市场首个履约周期的2 162家发电行业重点排放单位分布于全国30个省（区、市）（不含西藏）[15]。其中，山东省覆盖的重点排放单位数量最多，占比约15%；排在前6名的省（区、市）覆盖的重点排放单位数量占比约50%。央企、国企性质的重点排放单位占绝大多数，仅电力央企就占比约30%。对纳入2020年发电行业重点排放单位所属的3 400余台发电设施类型进行分析发现，300兆瓦等级以上常规燃煤机组占比约19.6%，300兆瓦等级及以下常规燃煤机组占比约43.2%，燃煤矸石、煤泥、水煤浆等非常规燃煤机组（含燃煤循环流化床机组）占比约31.2%，燃气机组占比约6.1%。

全国碳市场首个履约周期重点排放单位的地区分布情况见图5-1，全国碳市场首个履约周期重点排放设施的类型占比情况见图5-2。

---

[15] 新疆生产建设兵团单独统计。

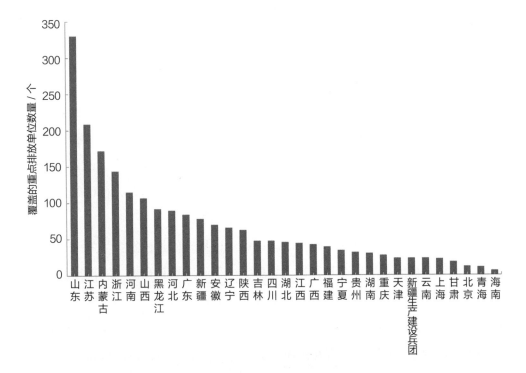

图5-1　全国碳市场首个履约周期重点排放单位的地区分布情况

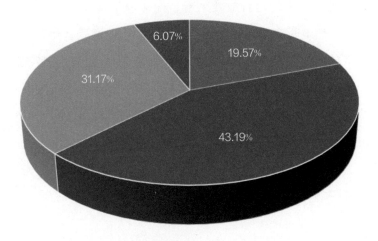

- 300兆瓦等级以上常规燃煤机组
- 300兆瓦等级及以下常规燃煤机组
- 燃煤矸石、水煤浆等非常规燃煤机组（含燃煤循环流化床机组）
- 燃气机组

图5-2　全国碳市场首个履约周期重点排放设施的类型占比情况

5.3　配额分配

当前，我国仍处在工业化、城镇化推进期，中国经济运行稳中有进，供给侧结构性改革取得重要进展，新旧动能加快转换，高质量发展基础不断夯实，电能替代加快推进，这些因素决定了用电需求刚性增长。全国碳市场第一个履约周期基于强度进行总量设定，既可保证鼓励先进、淘汰落后，也可满足国民经济发展需求，还可促进排放强度低的企业提高产量。

目前的配额分配方案对实现全国碳市场运行初期的目标发挥了关键基础性作用。配额分配方案历经多轮讨论，主要考虑了经济增长预期、实现控制温室气体排放行动目标、疫情对经济社会发展的影响等因素，综合确定管控年份碳排放基准值，经历了从11条基准线的设计到4条基准线的实施过程；配额分配中的关键性因素，也经过了多轮推敲。例如，暂不引入地区修正系数从根本上保证了全国碳市场的建设速度和质量。

经过碳市场一年来的运行成效来看，配额分配基本上可以实现对燃气机组、超超临界、热电联产等高效率低排放机组的正向激励；免费分配的方式考虑了我国碳市场正处在起步阶段且电力市场尚未完全市场化的特殊国情；基准线的设定，基本上综合考虑了电力行业实际情况，以及技术发展现状、减排能力、地域特征等因素，兼顾了节能减排、行业发展和环境治理，对实现全国碳市场运行初期的目标发挥了关键基础性作用。

5.4　碳市场运行

5.4.1　注册登记

按照生态环境部统一部署安排，湖北碳排放权交易中心负责全国碳市场注册登记结算功能平台的运作。首批纳入全国碳市场的2 162家电力行业重点排放单位都已在注册登记结算功能平台开户。自启动上线交易以来，全国碳市场注册登

记结算功能平台未发生过交易清结算异常情况。截至2022年7月8日，清算总额
达到169.81亿元。

5.4.2　交易情况

（1）总体情况

根据上海环境能源交易所公布的相关信息，2021年7月16日—2022年7月
15日，全国碳市场已运行52周，共242个交易日，累计参与交易的企业数量已
超过重点排放单位总数的一半以上。碳排放配额（CEA）累计成交量为1.94亿
吨，累计成交金额为84.92亿元。其中，大宗协议交易成交量为1.61亿吨，成交
额为69.36亿元，成交均价为42.97元/吨；挂牌协议交易成交量为3 259.28万吨，
成交额为15.56亿元，成交均价为47.75元/吨。

全国碳市场的总体交易情况（2021年7月16日—2022年7月15日）见图5-3。

成交数量。全国碳市场自开市以来每个交易日均有成交量，交易量随履
约周期变化明显。启动当天成交量超410万吨，首日效应过后交易热度逐步减
弱；履约期前成交量显著提升，2021年11—12月总成交量为1.59亿吨。首个履
约周期结束后，市场总体交易意愿下降，成交量明显回落。

全国碳市场配额成交数量情况（2021年7月16日—2022年7月15日）见
图5-4。

成交金额。全国碳市场自开市以来的累计成交金额为84.92亿元，其中，
大宗协议交易成交额为69.36亿元，占总成交额的82%；挂牌协议交易成交额为
15.56亿元，占总成交额的18%。

全国碳市场配额成交金额情况（2021年7月16日—2022年7月15日）见
图5-5。

成交价格。挂牌协议交易：全国碳市场以48.00元/吨的价格开盘，挂牌协
议交易单笔成交价在38.50～62.29元/吨，每日收盘价在41.46～61.38元/吨。
2022年7月15日的收盘价为58.24元/吨，较启动首日的开盘价上涨了21.33%。大
宗协议交易：大宗协议交易单日成交均价在30.21～61.20元/吨，开市以来的成

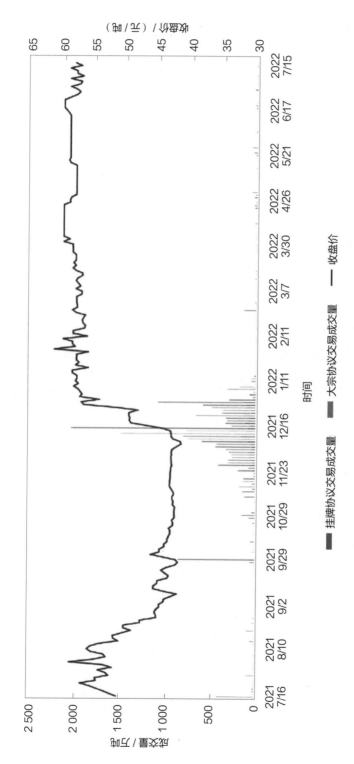

图5-3　全国碳市场的总体交易情况（2021年7月16日—2022年7月15日）

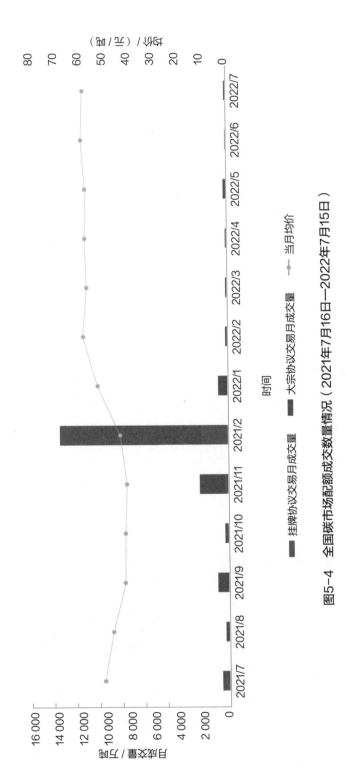

图5-4 全国碳市场配额成交数量情况（2021年7月16日—2022年7月15日）

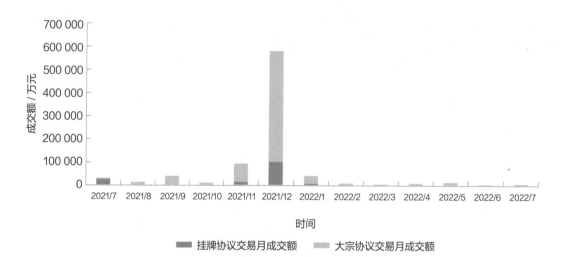

图5-5 全国碳市场配额成交金额情况（2021年7月16日—2022年7月15日）

交均价为42.97元/吨。

全国碳市场挂牌协议交易成交情况（2021年7月16日—2022年7月15日）见图5-6；全国碳市场大宗协议交易成交情况（2021年7月16日—2022年7月15日）见图5-7。

交易时间。2021年7月16日—2022年7月15日，全国碳市场碳排放配额交易主要集中在2021年的11月和12月，其成交量分别占开市以来总成交量的12%和70%。

全国碳市场配额交易时间情况（2021年7月16日—2022年7月15日）见图5-8。

交易方式。从成交量来看，全国碳市场配额交易以大宗协议交易为主，83%的成交量由大宗协议交易达成，约为挂牌协议交易成交量的5倍。

全国碳市场配额交易方式情况（2021年7月16日—2022年7月15日）见图5-9。

（2）第一个履约周期的情况

根据生态环境部公布的信息，全国碳市场第一个履约周期内（2021年7月

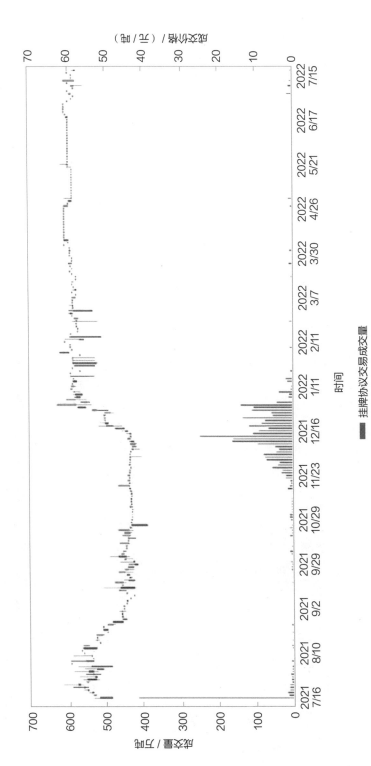

图5-6 全国碳市场挂牌协议交易成交情况（2021年7月16日—2022年7月15日）

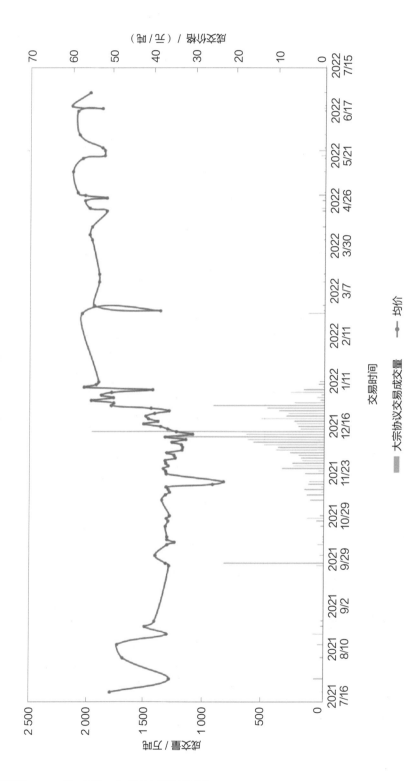

图5-7 全国碳市场大宗协议交易成交情况（2021年7月16日—2022年7月15日）

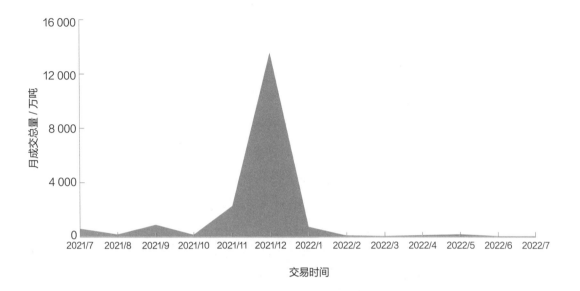

图5-8　全国碳市场配额交易时间情况（2021年7月16日—2022年7月15日）

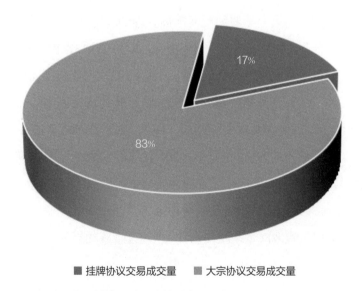

■ 挂牌协议交易成交量　　■ 大宗协议交易成交量

图5-9　全国碳市场配额交易方式情况（2021年7月16日—2022年7月15日）

16日—2021年12月31日）的碳排放配额（CEA）累计成交量为1.79亿吨，累计成交额为76.61亿元。其中，大宗协议交易的累计成交量为1.48亿吨，占总成交量的83%，成交额为62.10亿元，成交均价为41.95元/吨；挂牌协议交易的累计成交量为30.77万吨，占总成交量的17%，成交额为14.51亿元，成交均价为47.16元/吨。国家核证自愿减排量抵销机制已发挥作用，重点排放单位累计使用了超过3 200万吨CCER进行配额清缴抵销，成交额超过9亿元，不仅降低了重点排放单位的履约成本、减轻了企业负担，同时还有效发挥了推动能源结构调整、节能和提高能效、生态保护补偿等的作用。

全国碳市场第一个履约周期内的配额成交量及成交价格情况（2021年7月16日—12月31日）见图5-10。

5.4.3 履约清缴

总体来看，首个履约周期内全国碳市场平稳有序运行，履约效果较好。按履约量计，履约完成率为99.5%；其中中央企业履约完成率为100%，为全国碳市场平稳运行起到重要作用。各省（区、市）履约清缴情况总体较好，例如，山东省纳入全国碳市场第一个履约周期配额管理的发电行业重点排放企业共330家，核定应履约企业320家，数量居全国第一。其中，除13家被法院查封账号和2家关停注销的企业无法交易、不能履约外，其余305家企业全部完成了履约，实现了"应履尽履"，其实际履约量为11.52亿吨，履约清缴率为99.82%，累计成交额为45.98亿元，占全国总成交额的58.14%[16]。根据江苏省生态环境厅公布的相关信息，江苏省纳入的209家企业中有202家完成了履约，另有5家未完成履约并受到了处罚，还有2家因停产未完成履约[17]。内蒙古自治区纳入企业172家，其中足额履约企业159家，未足额履约企业13家（含涉法涉诉企业5家、停产企业8家），履约清缴率为99.80%（按履约量计）[18]。首个履约周期内仍有少数重点排

---

[16] 山东省生态环境厅. http://sthj.shandong.gov.cn/dtxx/zhbsdxw/202202/t20220221_3860792.html.

[17] 江苏省生态环境厅. http://sthjt.jiangsu.gov.cn/art/2022/3/8/art_83844_10381676.html.

[18] 内蒙古自治区生态环境厅. https://sthjt.nmg.gov.cn/sthjdt/tzgg/202204/t20220428_2047748.html.

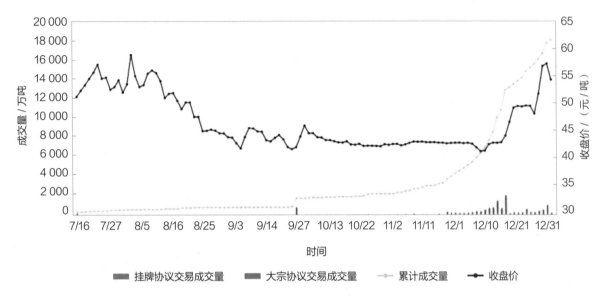

图5-10　全国碳市场第一个履约周期配额成交量及成交价格情况
（2021年7月16日—12月31日）

放单位未能按时按量完成履约清缴，按照相关管理规定，对于这些未完成履约
的重点排放单位进行了相应处罚。

5.5　成效总结

　　全国碳市场是落实碳达峰、碳中和目标的重要政策工具，也是推动绿色低
碳发展的重要引擎。总体来看，全国碳市场建设已取得积极成效，通过市场机
制首次在全国范围内将碳减排责任落实到了控排企业，增强了控排企业"排碳
有成本、减碳有收益"的低碳发展意识，推动企业低成本减排的作用已初步显
现，发挥了碳定价功能，实现了搭建基本制度框架、夯实管理基础、打通各环
节流程的预期目标。同时，全国碳市场也成为了展现我国积极应对气候变化的
重要窗口。全国碳市场启动线上交易以来，在多方面取得了成效。

（1）碳市场作为一种碳定价机制发挥了激励约束作用。全国碳市场的配额总量设定原则是"适度从紧"，首个履约周期全部免费分配，采用基准法核算重点排放单位所拥有机组的配额量。总体上看，第一个履约周期的配额分配方法实现了对高效率低排放机组的正向激励作用，较好地做到了节能减排与电力发展相协调，支撑了全国碳市场初期的健康稳定运行。虽然建立了"配额履约缺口上限20%"时进行调节的机制，但几乎没有企业达到触发条件。全国碳市场上线交易一年以来运行总体平稳，其间没有出现暴涨暴跌的情况，实现了政府对发电企业确定的减碳目标。

（2）抵销机制为企业降低碳减排成本提供了渠道。首个履约周期允许"重点排放单位每年可以使用抵销碳排放配额清缴，抵销比例不得超过应清缴碳排放配额的5%"，这调动了减排企业开发CCER项目的积极性，也提高了控排企业对CCER的认知和需求。抵销机制在碳市场上线运行期间已发挥作用。重点排放单位已累计使用超过3 200万吨CCER进行配额清缴抵销，成交额超过9亿元，这不仅降低了重点排放单位的履约成本、减轻了企业负担，同时还有效发挥了推动能源结构调整、节能和提高能效、生态保护补偿等的作用。

（3）促进发电结构转型和低碳技术创新进一步加快。碳市场有利于提高电力企业碳减排的战略部局、技术准备、基础能力建设等。通过市场竞争形成的碳价能有效引导碳排放配额从减排成本低的排放主体流向减排成本高的排放主体，激发企业和个人的减排积极性，有利于促进低成本减碳，实现全社会范围内的排放配额资源优化配置；有利于加快企业的火电布局调整和结构优化，推动存量煤电节能改造、供热改造、灵活性改造，淘汰低效率落后煤电机组；促进了可再生能源发展，降低了单位发电量碳排放强度。同时，随着探索开展低碳技术的研发与实践，坚持技术引领，加大大规模低成本碳捕集、封存与利用技术的研发、示范与应用，促进了可持续减污降碳目标的实现。

（4）发电企业碳减排和碳交易认识显著增强。全国碳市场从试点探索、基础建设、模拟运行到正式上线这一过程，提高了发电企业，尤其是非试点地区的发电企业对碳市场、碳交易的认识。通过实际参与完成开立账户、核算核查、配额测算、配额分配、交易，以及最终完成清缴履约的全过程，发电企业对碳市场、碳交易的全链条管理有了更加全面的认识，并切身感受到了碳市场对企业经营、管理的意义和影响。

6 主要参与方行动及经验

6.1　电力行业

电力行业高度重视应对气候变化工作，通过搭建行业平台、制定支撑政策、开展调查研究、夯实低碳统计与标准化基础等工作，主动推进全国碳市场的构建，积极引导电力企业参与全国碳市场。

6.1.1　搭建行业平台

建立电力行业自律协调机制。2011年，为加强电力行业应对气候变化工作力度，促进电力行业转变发展方式，维护行业利益，中国电力企业联合会作为自律性行业组织，牵头成立了电力行业应对气候变化协调委员会和专家委员会。协调委员会由中电联牵头，国家电网公司、南方电网公司、各大型发电集团的分管领导构成，主要研究电力行业应对气候变化的自律性机制建设，在政府指导下，协调电力行业参与应对气候变化的行动。专家委员会委员由"两院"院士、主要电力科研机构及国家部委的专家组成，负责向国家有关部门反映政策建议以及为企业提出行动建议，指导电力行业应对气候变化工作。

成立电力行业碳排放权交易工作组。2015年9月6日，中电联牵头成立了电力行业碳排放权交易工作组（以下简称"碳交易工作组"），成员单位包括中国华能集团有限公司等七家大型发电公司。2018年4月，碳交易工作组的成员单位调整为中国华能、中国大唐、中国华电、国家能源集团、国家电投、广东能源集团、申能集团、深圳能源集团8家发电集团公司。碳交易工作组的主要任务是在行业层面建立碳排放权交易沟通协调机制，加强发电企业参与碳排放权交易、开展碳减排等相关工作的经验和信息沟通交流，进一步促进电力行业有效开展碳排放权交易工作。自全国碳市场启动上线交易以来，碳交易工作组定期召开会议，针对当前全国碳市场建设中的热点、难点和前瞻性问题开展交流和研讨。

成立电力行业低碳发展研究中心。中电联于2018年开始筹建电力行业低碳发展研究中心。2019年6月19日，在2019年全国低碳日主场活动上，生态环境部副部长赵英民和时任中国电力企业联合会专职副理事长王志轩共同为"电力行业低碳发展研究中心"揭牌。电力行业低碳发展研究中心开展了一系列政策、技术、规范等研究工作，为电力行业的碳交易工作提供了技术支持，为政府部门、电力行业和相关企业参与全国碳交易体系提供服务。

6.1.2　制定支撑政策

中电联主动、积极参与全国碳市场相关政策的制定。近年来，中电联组织发电企业开展了发电行业碳排放基准线的划定和配额方案的研究与更新，还联合湖北碳排放权交易中心、上海能源环境交易所等机构组织开展了全国碳市场注册登记结算系统和交易系统的联调测试等重要制度建设方面的工作。针对《碳排放权交易管理暂行条例（草案修改稿）》、《2019—2020年全国碳排放权交易配额总量设定与分配实施方案（发电行业）》（征求意见稿）、《企业温室气体排放核算方法与报告指南　发电设施》（征求意见稿）等政策文件，中电联在组织电力企业开展研讨、充分征求意见建议的基础上，行文向主管部门报送了行业意见诉求，部分意见建议已体现在已发布的政策文件中，有力支撑了全国碳市场政策体系的构建。

6.1.3 开展调查研究

针对全国碳市场关键性问题开展专题调研与课题研究。近年来，受国家发展改革委、生态环境部等政府部门以及相关机构的委托和支持，中电联开展了《国家碳排放权市场建设（发电行业）技术支持研究》《全国碳市场（发电行业）交易风险及防范调研》《全国碳排放交易市场（发电行业）运行测试方案研究》《自备电厂参与碳排放权交易情况调研》《电力行业参与全国碳交易关键问题研究》《烟气排放连续监测系统（CEMS）在碳排放监测领域应用研究》《中国低碳电力行动与展望》《中国低碳电力发展政策回顾与展望》《中国低碳电力发展指标体系研究》《中国电力行业碳排放权交易市场进展研究》等多项专题调研和课题研究，形成的研究成果已向国家气候变化主管部门报送，对支撑政府政策决策发挥了促进作用。

6.1.4 统计与标准化

开展应对气候变化统计。2013年起，中电联按照政府要求开展了行业应对气候变化统计工作，收集和分析了电力行业碳排放相关的主要指标情况。根据《国家发展改革委 国家统计局印发关于加强应对气候变化统计工作的意见的通知》（发改气候〔2013〕937号）要求，中电联将与温室气体排放统计相关的5项指标（包括平均收到基含碳量、低位发热量、锅炉固体未完全燃烧热损失、脱硫吸收剂消耗量、脱硫吸收剂纯度）和电力环保指标合并统计。

组建电力低碳系统标准工作组。2021年中电联组建了第一届电力低碳系统标准化工作组，标委会编号为CEC/SyC 01，标委会的第一届委员会由28名委员组成，秘书处挂靠在中电联规划发展部。电力低碳系统标准化工作组负责归口、管理电力低碳标准化体系的研究，电力低碳基础通用管理技术、市场交易、业务应用等方面的标准修订，电力低碳领域国际标准化工作。

开展应对气候变化标准体系建设。中电联组织开展应对气候变化标准的制订和修订工作，在低碳标准化方面开展了以下工作：一是将低碳发展要求贯穿于规划、设计、建设、运行的系列标准之中；二是组织编制应对气候变化的专业标准，如《火电厂烟气二氧化碳排放连续监测技术规范》（DL/T 2376—2021）、《发电企业碳排放权交易技术指南》（DL/T 2126—2020）、《温室气体排放核算与报告要求　第1部分：发电企业》（GB/T 32151.1—2015）、《燃煤电厂二氧化碳排放统计指标体系》（DL/T 1328—2014）等；三是推动电力行业急需低碳标准的申报立项，如完成《火力发电厂烟气二氧化碳捕集系统能耗测定技术规范》《电力系统碳排放时序模拟与预评估技术导则》《电网企业温室气体核算指南》《发电企业二氧化碳排放量核算法不确定度评定指南》《燃煤机组碳排放强度关键影响指标贡献度计算方法》《光伏发电项目全生命周期碳排放量化方法及评价标准》《风力发电项目全生命周期碳排放量化方法及评价标准》《火电厂烟气二氧化碳化学吸收溶液性能测试技术规范》等国家标准、行业标准的申报立项。

6.2　发电企业

6.2.1　总体情况

发电企业贯彻执行国家和地方出台的碳排放权交易政策，积极探索、认真参与试点碳市场和全国碳市场，对碳市场和碳减排的认识逐渐提高，经验逐渐丰富，碳交易实践逐渐深入，人才队伍逐渐壮大，为全国碳市场顺利启动运行奠定了坚实的基础。逐渐完善碳交易制度体系建设。控排企业及所属集团制定了碳交易管理制度，加强统筹管理，厘清工作流程，明确了各级单位的碳排放管理工作职责，加强基础工作，提升能力水平。搭建集团碳资产统一专业化管理。成立碳资产专业公司，完成碳排放核查工作，摸清排放和配额情况，配合全国碳排放数据报送和监管系统平台的搭建和测试运行，不断提升碳排放信息化管理水平。定期组织发电企业进行碳排放管理专业技术培训，不断提升碳排放综合管理能力。建立碳排放信息化管理平台。信息化平台主要涵盖集团公司、碳资产公司、二级单位、三级单位4类用户，实现数据信息管理、碳资产管理、国家核证自愿减排量项目管理、预警管理、市场信息查询、履约分析、综合信息管理和政策资讯等基础功能，设置数据信息管理、碳资产管理、国家核证自愿减排量项目管理、政策资讯等功能模块。积极参与全国碳排放权交易。各发电集团不断加大其碳排放管理能力建设力度，定期组织碳排放管理专业技术培训，研究及宣贯国家碳排放有关政策法规，掌握市场建设进展，安排参与碳排放权交易试点的发电企业分享经验，不断提升碳排放综合管理能力。针对配额交易、国家核证自愿减排量交易的操作模式、交易种类、交易策略进行梳理并开展模拟演练。发电集团通过碳排放权交易能力建设提升了各有关单位开展碳排放权履约及参与市场交易的能力，为全面参与全国碳排放权交易提供了切实保障。

6.2.2　主要发电企业情况

（1）中国华能集团有限公司

中国华能集团有限公司深入推进碳达峰、碳中和工作，制定实施集团公司碳达峰行动方案，大力推动能源绿色低碳转型，积极参与全国碳市场建设，坚决贯彻落实国家温室气体排放控制措施，通过发展清洁能源、煤电机组节能升级改造等措施使单位发电量碳排放强度持续下降。出台《碳排放权交易管理暂行办法》《火电企业碳排放数据管理及监测技术规范》等管理制度，建立"集团总部—二级单位—基层企业"碳排放三级管理体系，贯彻落实国家碳排放控制有关政策要求，组织开展碳排放统计及报送，落实碳交易履约年度预算，统筹组织开展交易履约工作，试点碳交易地区的14家企业最长已连续8年顺利完成碳交易履约工作，在全国碳市场第一个履约周期内，有100余家火电企业提前完成了交易履约任务。华能碳资产经营有限公司作为专业技术服务机构，受托统一为公司系统内企业提供碳排放核算及碳交易技术咨询服务。

中国华能集团有限公司2008年在北京热电厂建成了我国第一座燃煤电厂（3 000吨/年二氧化碳捕集）；2009年在上海石洞口二厂建成了当时世界最大的燃煤电厂（12万吨/年二氧化碳捕集）；2016年在天津IGCC电厂建成了世界

第一座10万吨/年燃烧前二氧化碳捕集系统；目前正在甘肃正宁电厂建设全球最大的燃煤电厂（150万吨/年二氧化碳捕集），为探索煤电低碳发展积累了丰富经验。

中国华能集团有限公司在湖北华能阳逻电厂开展了配额质押融资服务，以部分盈余配额作为质押物，获得了中国农业银行武汉分行1 000万元低成本碳排放权质押贷款，有效帮助火电企业提升了碳配额资产价值、降低了授信门槛和融资成本，解决了企业融资难、担保难等问题，为全国碳市场体系下企业盘活碳资产探索出创新路径。

（2）中国大唐集团有限公司

为深入贯彻落实党中央、国务院的决策部署，中国大唐把碳达峰、碳中和纳入集团发展全局，加快绿色低碳转型和高质量发展，着力打造"绿色低碳、多能互补、高效协同、数字智慧"的世界一流能源供应商。2021年，中国大唐建章立制，加强顶层设计，成立了由集团公司主要领导任组长的碳达峰、碳中和工作领导小组，依托专业平台公司统筹开展了集团碳资产管理与低碳服务工作；印发了《中国大唐集团有限公司党组关于做好碳达峰碳中和工作推进高质量发展的指导意见》，提出着重开展5大行动、18项重点举措，推动绿色低碳转型和创新驱动发展；修订了集团碳资产管理办法、碳交易工作规则、碳履约工作规则等管理制度，按照"四统一"（统一平台、统一组织、统一核算、统一交易）原则开展了碳资产管理工作，在全国统一碳市场建设背景下，构建了完整的碳资产管理制度体系。

中国大唐高度重视碳排放数据管理，严格执行国家碳核查相关工作要求，落实市场主体责任，主动提升重点排放单位数据质量。集团公司层面发布了《中国大唐集团公司碳排放数据管理工作重点要求》，着力建立健全区域公司与重点排放单位碳排放数据管理体系，细化责任部门。中国大唐在排放报告编制、计量设备与方法、检测与报送规范、信息公开等方面也做出了针对性指引。通过夯实日常数据基础，全面保障了碳排放数据的真实性、完整性和准确性。积极跟进全国碳市场建设，及时研判政策，利用信息化赋能"质效双提升"，搭建了辐射中国大唐全部企业的碳资产管理信息系统，实现了对碳排放、碳配额、碳减排和交易等数据的信息化管理和配额盈亏预测等功能，不断提升精细化运营管理效能，为中国大唐在履约交易期内抓住市场机会、降低履约成本、实现碳资产保值增值提供了技术保障。同时中国大唐积极推动绿色资产管理平台建设，促进数字化技术与绿色低碳资产的深度融合，为集团公司实现"双碳"目标提供了数字智慧方案。主动加强市场研究，以课题研究推动碳资产管理能力的提升。2021年，中国大唐联合法国电力集团完成了"中国电力市场与碳市场关联性初步分析——以广东省为研究案例"课题。

自2013年起，中国大唐积极参与碳排放权试点交易，各试点地区企业积极参与碳市场交易，均100%按时完成了履约工作。2021年7月16日，全国碳市场正式启动上线交易，中国大唐积极参与，所属企业顺利完成了全国碳市场首日交易，获得了"全国碳市场上线首日交易"证书，并于当年12月14日提前完成了所属重点排放单位的履约清缴工作，实现了中国大唐在全国碳市场首个履约周期的100%履约。中国大唐在碳金融领域持续突破与创新，通过金融资产配置，引导实体经济绿色发展。2021年8月23日，大唐七台河电厂以自身持有的碳排放权为担保，成功在民生银行办理了碳排放权担保贷款业务，获得贷款金额4 000万元，完成了黑龙江省首单碳配额质押融资业务，更是开创了国内首单在全国碳排放权注册登记结算系统参与下的碳排放权担保业务。同年9月底，中国大唐碳资产公司协调邮储银行开展碳资产质押品管理模式，在业内率先采用人民银行征信系统和排放权交易所系统"双质押登记"风控模式，再次成功为大唐七台河电厂办理了碳配额质押贷款2 000万元。2022年，中国大唐碳资产公司为债权代理人，农业银行为主承销商的大唐国际第四期超短期融资券顺利发行，成为国内首笔碳排放权质押担保债券，这是大唐集团促进绿色低碳转型发展，践行碳达峰、碳中和重要战略的创新尝试，具有良好的市场示范效应。

（3）中国华电集团有限公司

中国华电不断完善碳排放管理顶层设计，积极构建"1+2+3"碳排放管理体系，率先在总部层面成立了碳排放管理机构，搭建了集团碳资产集约化运营平台和绿色低碳技术服务平台，构建完善了集团总部、直属单位、基层企业三级碳排放管理体系，建立了"1+5+N"管理制度体系，印发了集团公司《温室气体排放管理办法》，配套了《温室气体排放统计核算管理办法》《碳排放权交易和履约管理办法》《温室气体排放管理监督管理办法》，建立了碳排放监测、报告、交易、履约全链条管理体系。在发电行业中率先对外发布了《碳达峰行动方案》，明确了碳达峰时间表，制定了碳达峰行动路线图和施工图。在央企中首家发布中英双语《"十三五"碳排放白皮书》，专项披露"双碳"信息，助力国家生态环境部分享"中国经验"与"中国智慧"。

中国华电在公司系统开展温室气体排放管理能力提升和燃煤发电企业碳检测能力专项活动，创新开展碳排放数据质量管理示范创建，并将示范成果提炼、编制形成了《碳排放核算监测技术规范》企业标准，持续夯实碳市场数据基础。全国碳市场开市以来，中国华电组织开展了多层次、全方位的"双碳"知识培训，在公司系统内定期发布《碳市场动态》，邀请国内"双碳"领域知名专家开展碳排放数据质量管理、CCER政策与开发流程等专题培训，同时采用点对点方式，结合企业实际情况，组织现场培训130余次。中国华电持续提高碳资产数智化建设，进一步优化碳排放管理信息系统，启动"区块链+碳资产管理"信息平台建设，利用国产化区块链等新技术，实现碳排放MRV、碳资产交易履约等工作的全流程数字化管控，推动碳资产管理数智化水平再上新台阶。

中国华电高度重视全国碳市场建设，积极参与碳市场首日首批交易。2021年，中国华电率先提前完成了全国碳市场第一个履约周期内105家重点排放单位的配额清缴，完成了全国首笔CCER抵销碳配额清缴，实现了履约率达100%，组织开展碳金融配额质押融资达上亿元，以实际行动体现了央企的责任与担当。作为生态环境部火电行业碳监测评估试点单位，中国华电形成了碳监测试点工作经验成果并进行了分享，开展的"火电企业碳排放监测与全过程管控关键技术及应用"项目获得了首个碳排放管理领域"电力科技创新大奖"和"2021年度电力科技创新奖一等奖"。

（4）国家能源投资集团有限责任公司

国家能源投资集团有限责任公司高度重视"双碳"工作，特别成立了低碳发展领导小组，建立了集团公司—子分公司—基层企业三级管理架构，统筹推动相关工作，建立了碳排放和碳交易管理体系；开展全面碳盘查，建立了集团公司碳账本；扎实开展全国碳市场交易履约工作，编制年度交易履约策略，组织全部控排企业完成第一个履约周期的交易履约；开展火电机组节能、供热、灵活性改造，大力发展新能源，推进"双碳"目标的实现。

国家能源投资集团有限责任公司对碳排放实行"四统一"管理原则，建立了碳排放管理制度，2018年以来，每年对全部涉及排放的煤炭、火电、化工、运输企业开展了碳盘查，全面摸清了家底，并研究掌握了排放规律，提出了控排减排工作要求。全部控排企业将碳排放融入日常管理考核中，加强基础工作，认真执行数据质量控制计划，开展单位热值含碳量实测，完善能耗计量装置和碳排放核算监测设备，定期开展能耗、碳排放强度分析，对标制定控排减排措施。碳资产公司为控排企业提供交易履约专业服务，控制履约成本，确保按期完成清缴履约，履行社会责任。

国家能源投资集团有限责任公司编制了"一机一策"节能工作方案，推动存量煤电节能改造，深挖机组潜力，大力开展煤电供热改造，提升电热比，全面提升能效水平，降低单位碳排放强度。加快煤电灵活性改造，促进清洁捆绑消纳；大力推进可再生能源发展，从发电结构上降低度电碳排放强度，多措并举，实现风电、太阳能等新能源规模化倍速增长，水电高质量建设，建设储能体系，探索建立一体化调控平台，提升新能源利用率；强化产业协同，从优化内部用能上降低排放总量；推动集团内部可再生绿电、清洁煤电的用能置换，提升产业链各环节电气化水平。坚持技术引领，努力实现可持续减排降碳，探索开展低碳燃料掺烧技术试点应用，加大大规模低成本碳捕集、封存与利用技术的应用与示范，建成锦界电厂CCUS项目。

（5）国家电力投资集团有限公司

国家电力投资集团有限公司建章立制，加强顶层设计。集团层面，为推动国家电投碳资产管理与低碳服务科学化、程序化、规范化开展，国家电投发布《集团公司碳排放管理办法》，确定"绿色低碳、创新驱动、依法遵约、科学管理"的管理方针；明确"统一管理、统一核算、统一开发、统一交易"的管理原则；建立"集团公司统一领导，相关总部机构协调推进，二、三级单位贯彻执行，碳资产管理公司作为碳排放管理平台专业化服务支持"的管理体系；规范碳核算、碳交易、碳减排项目开发，碳排放管理系统应用等碳管理业务板块工作内容。在二、三级单位层面，明晰集团公司与二、三级单位及碳资产管理公司之间的工作界面，明确目标任务，厘清工作流程、决策机制、风控管理、考核机制等，建立健全集团各层面碳资产管理体系，实现碳资产管理与低碳服务统筹、全面、专业的管理。在控排企业内部，企业作为碳资产管理主体，业务涉及燃料管理、生产运行、煤质检测、计划经营、资金结算等多个专业，需要协调不同管理部门。因此，建立企业内部碳资产管理体系十分必要，通过明确工作职责分工及管理流程界面，确保碳资产管理工作高效推进。

2017年12月，国家电投建设的碳排放管理平台成为了全国首家上线的集团化碳排放综合管理系统。该系统涉及发电、电解铝、水泥和煤炭四个产业，可对碳排放数据进行动态监测、实时分析和及时预警，可提供及时全面的数据统计和对比分析、配额盈亏测算及履约成本动态管理等功能，实现了传统碳核算业务从线下到线上线下融合的转型升级，提高了碳排放数据的管理效率，夯实了碳交易数据基础，降低了数据管理风险，实现了碳排放数据的"数智化"管理。

国家电投积极参与全国碳市场建设，统一管理企业碳交易相关账户，统筹碳排放配额和CCER等碳减排量交易。作为全国碳市场首批开户企业，国家电投积极参与全国碳市场首日交易，碳资产管理公司通过市场研判、超前规划、严谨测算，制定了集团年度交易工作方案，指导企业按照交易方案有条不紊地推进交易工作，充分发挥了碳资产科学化、专业化、规范化管理的优势，运用多元化交易方式，完成了集团公司78家重点排放单位首年顺利100%履约的任务，实现集团公司采购成本低于市场价格。

在2021年全国碳市场交易履约过程中，碳资产管理公司深度挖掘集团公司的存量CCER，充分利用全国碳市场抵销机制，通过配额与CCER置换抵销，为集团公司火电企业降本，为新能源企业增效，实现了控排企业降本和减排企业增效的双赢局面。同时，国家电投积极争取储备林业碳汇资源，探索"新能源+林业"新合作模式，锁定林业碳汇资源，并尝试利用林业贴息和补贴政策以低资金成本投资储备林业碳汇项目。

6.3 交易平台

6.3.1 全国碳市场注册登记结算功能平台

全国碳市场注册登记结算功能平台由碳排放权登记结算（武汉）有限责任公司（以下简称"中碳登"）负责建设和运维。中碳登贯彻落实生态环境部的要求，确保全国碳市场安全稳定运行。主要工作：一是理顺业务流程，及时准确完成账户开立、配额分配、履约通知书发放、清缴登记及抵销登记。建立专业化客服团队服务企业入市，2 162家发电企业注册登记结算账户的开户率达100%；及时发放配额及履约通知书，并协助各级生态环境主管部门完成企业配额及履约通知书发放，做好政策咨询等工作。二是引入多银行结算渠道，确保交易结算安全高效。与15家结算银行进行对接，其中2家结算渠道已正式上线运行，7家已进入业务测试阶段；建立多方对账机制，自启动交易以来，无一日发生交易清结算异常情况。三是多措并举，协助提升首个履约周期的履约完成率。实时跟进履约进度，通过事前数据核对、系统审批流程管控和事后定期检查、及时报告，协助各级生态环境主管部门进行全流程监管，及时做好各类服务支持。四是精益求精，持续开展系统功能优化。在首个履约周期内，共完成126个系统既有功能优化和7个新增功能的开发，注册登记系统生产环境累计完成12次版本迭代更新，系统无中断连续安全运行，成为保障全国碳市场持续稳定运行的可靠基石。五是助力自愿减排交易市场建设。协助主管部门在首个履约周期内启用CCER抵销机制，成功使用超3 000万吨CCER完成履约抵销；此外，积极探索并实现全国碳市场配额用于大型活动碳中和抵销。

6.3.2 全国碳市场交易功能平台

全国碳市场交易功能平台由上海环境能源交易所负责建设和运维。上海环境能源交易所贯彻落实生态环境部的要求，在保障全国碳市场健康稳定、服务企业参与交易、活跃市场等方面开展了大量工作：一是主动做好企业服务。在交易上线启动后快速完成了75%的交易账户开立，目前2 000多家企业的交易账户开户工作已基本完成。二是积极做好交易组织。深入了解企业需求和市场情况，组织交易有序开展，目前已有超过半数的重点排放单位参与交易。三是依法依规做好信息披露。发布交易、信息等相关事项通知公告，不断加强交易市场的信息规范化管理；编制全国碳市场日、周、月、年等各类报表，及时披露交易相关信息。四是强化交易市场监督。密切跟踪市场情况，对全国碳市场进行实时监控和风险控制。重点关注全国碳市场交易价格、成交量等的波动情况，及时分析汇总市场运行情况并向主管部门汇报。五是全力保障系统运行。交易系统上线后，持续根据用户反馈及市场运行情况，对系统功能、技术接口等进一步优化完善，做好交易系统运维工作。

7 国际碳市场进展与启示

7.1 进展

7.1.1 概述

根据国际碳行动伙伴组织（ICAP）发布的《2022年度全球碳市场进展报告》，近年来，全球碳市场快速发展，数量不断增加，覆盖范围加速扩大。截至2022年年初，全球共有25个碳市场正在运行，还有7个国家级和15个地区级的碳市场正在筹备建设中。与2005年相比，碳市场所覆盖温室气体排放量占全球的比重由5%提高到了17%，增加了2倍多；近三分之一的全球人口生活在碳市场活跃的地区。鉴于碳市场机制具有相对高效、灵活、成本低的特点，越来越多的国家或地区在通往低碳之路上选择该措施。2005—2022年全球碳市场的温室气体排放量增长情况见图7-1，部分国际碳市场碳价趋势见图7-2。

7.1.2 进展情况

（1）欧盟

欧盟碳排放交易体系（European Union Emissions Trading System，EU-ETS）是全球运行时间最长的碳市场。为保证实施过程的可控性，EU-ETS的实施分为四个阶段逐步推进。其中，第一阶段（2005—2007年）是试运行阶段，检验制度设计，建立基础设施和市场机制；第二阶段（2008—2012年）和第三阶段

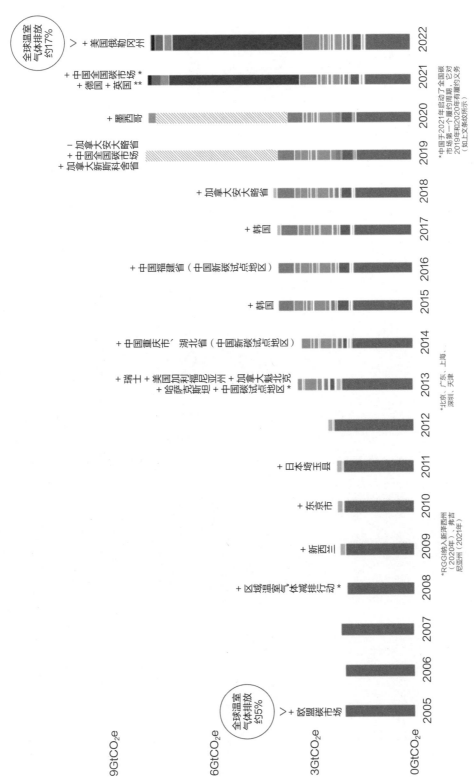

图7-1 2005—2022年全球碳市场的温室气体排放量增长情况

图7-2 部分国际碳市场的碳价趋势[19]

_____

[19] ICAP. https://icapcarbonaction.com/en/ets-prices.

（2013—2020年）根据《京都议定书》要求分别设定了不同的碳减排目标，同时，对总量设置、配额分配及跨期存储等机制进行了完善。

目前，EU-ETS正处于第四阶段（2021—2030年），目标是实现2030年的总碳排放量在1990年基础上减少40%，配额总量年度削减比例从1.74%提高到2.20%；进一步深化市场稳定储备机制（MSR），解决EU-ETS中配额供需失衡的问题，提高市场抵御未来冲击的能力；从2023年起，纳入MSR储备的配额数量将不应高于2022年拍卖配额的总量。从碳价上看，2019年，引入MSR机制使配额价格稳定在了约25欧元/吨。2020年，受新冠肺炎疫情引发的经济衰退影响，第一季度的配额价格已下降到17欧元/吨。此后，随着欧盟减排力度的不断加大以及碳市场配额总量的不断缩减，促使控排企业有意愿提前购买和储备配额，吸引了更多的机构投资者入市，配额价格一度接近100欧元/吨。2021年7月，欧盟发布"减碳55%"一揽子计划（"Fit for 55" package），全面改革碳市场实施方案，具体内容包括将碳排放上限逐年降低，到2030年，排放量预计将比2005年减少43%；免费配额大幅减少，总量限额的线性折减系数从每年的2.2%提高到4.2%；到2026年，针对燃料单独制定新的碳排放交易体系；到2027年，逐步取消航空业的免费配额；将碳市场覆盖范围扩大至建筑供暖、道路交通、海运等。为与EU-ETS更好融合，欧盟还修订了《减排分担条例》，计划创建一个真正的年度排放分配市场（AEA），赋予成员国采取国家行动解决建筑业、交通运输业、农业等行业以及小企业碳排放问题的权力。

（2）美国

1）区域温室气体减排行动

区域温室气体减排行动（Regional Greenhouse Gas Initiative，RGGI）是美国东北部和加拿大东部地区以州为基础的区域性交易体系，也是美国首个以市场为基础的温室气体排放交易体系，旨在减少电力部门的排放量，并利用拍卖收入支持整个经济体的能源和气候计划。参与RGGI的州包括康涅狄格州、特拉华州、缅因州、马里兰州、马萨诸塞州、新罕布什尔州、新泽西州[20]、纽约州、罗得岛州、佛蒙特州和弗吉尼亚州，宾夕法尼亚州还在建立电力行业碳市场。该交易体系仅针对电力行业的二氧化碳排放，纳入的是年排放量超过2.5万吨二氧化碳当量的发电设施。

RGGI的运作模式可以分为两个层次：一级市场主要是二氧化碳配额的拍卖，二级市场主要是二氧化碳配额的交易以及抵销机制。RGGI的配额分配方式是以州为单位，并通过每个季度的配额拍卖来实现。在配额的初始分配上，各成员州首先根据其在RGGI项目中的限排份额来获取各自配额，然后通过拍卖将配额分配给控排企业。电力行业90%的配额都将通过季度拍卖分配。拍卖系统以RGGI网络为媒介，采用单轮竞价、统一价格、密封投标的拍卖方式，并由独立的监控机构监视整个程序。

基于2017年修订的示范性规则，RGGI各成员州于2019年通过"2020年后总量控制与交易规则"。新规则收紧了配额总量，并进一步调整了碳排放交易机制的设计。从2021年起，12个成员州均实行了更加严格的年度总量减量因子和排放控制措施。同年，RGGI启动排放抑制储备机制（Emissions Containment Reserve，ECR），该机制设置了限额价格触发装置，一旦触发，各州将永久停止销售排放限额。当减排成本低于预期时启动ECR，2021年启用价格为6美元/吨，每年上涨7%。排放限额大部分在各州季度拍卖会上被出售，拍卖所得用于清洁能源发展、节能减排和终端用户补贴等项目中，以推动当地经济低碳转型。

2）加州碳市场

以美国加利福尼亚州（以下简称"加州"）为引领的北美碳市场覆盖广、影响大。2006年，加州政府通过了《全球变暖解决法案》（AB32法案），要求2020年的温室气体排放水平下降到1990年的水平。为实现这一目标，加州空气资源委员会批准实施了加州总量控制与交易体系，对区域内2013—2020年的累

---

[20] 2020年1月，新泽西州重新加入RGGI。

计排放量设置总量控制，2013年1月，加州碳交易体系正式启动，约涵盖了加州85%的碳排放量，初期主要是电力行业和大型工业设施，配额由历史排放法确定且以免费分配为主，然后逐步过渡至拍卖。加州碳市场于2014年与加拿大魁北克省碳市场实行了链接。

加州碳交易体系分为2013—2014年、2015—2017年、2018—2020年三个履约期。第一期覆盖了发电行业和工业排放源，年度碳排放总量约为1.6亿吨二氧化碳当量，占加州温室气体排放总量的35%左右；第二期增加了交通燃料、天然气销售业等部门，年度碳排放总量增加至3.95亿吨二氧化碳当量，占加州温室气体排放总量的比例升至80%左右；第三期各年度的碳排放总量分别为3.58亿吨二氧化碳当量、3.46亿吨二氧化碳当量和3.34亿吨二氧化碳当量，覆盖了加州约80%的温室气体排放和500个工厂设施。其配额分配主要采用免费分配与拍卖相结合的方式。2021年，加州碳市场相关制度有所调整，包括增加价格上限、在价格上限以下设置两个配额价格遏制储备层、减少使用抵销信用以及大幅下调2030年配额上限等。

专栏7-1

联合国气候变化格拉斯哥会议

联合国气候变化格拉斯哥会议（COP26）于2021年10月31日至11月13日在英国格拉斯哥以线下方式举行。COP26是《巴黎协定》进入实施阶段后召开的首次缔约方会议，是全球气候治理进程的重要节点。

会议完成了《巴黎协定》实施细则谈判，达成了相对平衡的政治成果文件《格拉斯哥气候协议》及五十多项决议，最终完成了《巴黎协定》实施细则遗留问题等的谈判，坚持了《巴黎协定》的长期目标和自下而上的制度安排，有效维护了国际规则的稳定，有力推动了《巴黎协定》全面有效实施，对下一阶段的全球气候治理进程和绿色低碳可持续发展产生了积极影响。但由于发达国家对适应、资金、技术支持等发展中国家的核心关切并未给予充分回应，本次大会仍有遗憾和不足，全球应对气候变化仍面临诸多挑战。会议决定，公约第二十七次缔约方大会（COP27）将于2022年在埃及举行。

　　COP26期间，大会主席国英国召开了世界领导人峰会，邀请了100余位国家元首、政府首脑与会致辞。中国国家主席习近平应邀向峰会发表书面致辞。习近平主席指出，当前，气候变化不利影响日益显现，全球行动紧迫性持续上升。如何应对气候变化、推动世界经济复苏，是我们面临的时代课题。习近平主席提出包括维护多边共识、聚焦务实行动、加速绿色转型在内的三点建议。习近平主席强调，中国秉持人与自然生命共同体理念，坚持走生态优先、绿色低碳发展道路，加快构建绿色低碳循环发展的经济体系，持续推动产业结构调整，坚决遏制高耗能、高排放项目盲目发展，加快推进能源绿色低碳转型，大力发展可再生能源，规划建设大型风电光伏基地项目。习近平主席指出，中国古人讲"以实则治"。中方期待各方强化行动，携手应对气候变化挑战，合力保护人类共同的地球家园。习近平主席的致辞为COP26取得积极成果指明了方向，注入了重要政治动力。

7.2 启示

制定完善的法规制度是保障碳市场健康稳定运行的基础。欧盟委员会主要通过基础性法规和技术性法规两个方面对EU-ETS进行制度保障。基础性法规由欧盟制定，对各成员国具有普遍约束力，主要对EU-ETS的目标、原则和基本内容做出了总体性的规定。其中，对关于碳排放配额分配方式和碳排放监督、报告与核查的规定等方面是基础性法规的核心。在发展过程中，欧盟委员会曾多次根据市场发展需求在市场覆盖范围、交易成本、结构性改革等方面做出修正。技术性法规是欧盟指定的技术性规则，以保障各成员国在统一的规则之下颁布适用于本国的法律制度，主要围绕设立统一登记簿、安全标准、配额拍卖、MRV、重复计算等技术问题展开。在这一制度体系下，欧盟既保持了市场主体框架的统一性，也保证了各成员国具有足够的灵活修正空间，保障了市场的整体稳定运行。

不断完善的碳市场定价机制有利于发挥价格信号促进减碳的作用。在市场发展过程中，EU-ETS建立了多种交易制度强化市场的碳价发现功能。一是逐渐扩大市场规模。EU-ETS的覆盖范围从最初的电力及能源密集型行业，逐步扩展至航空行业及钢铁、水泥等特定产品的生产以及碳捕获行业，使得碳交易规模不断上升，进一步趋近实际的社会减碳成本。二是设立稳定碳价机制。通过市场稳定储备机制收回富余配额，并限制ERU及CER的交易数量，来应对市场供过于求的状态，达到了传递长期稳定碳价信号的目的。三是发展碳金融产品。主要通过发展碳期货交易和利用杠杆效应，显著提升了市场交易的活跃度以及交易主体的风险管理水平。四是从目前已运行的碳排放交易体系来看，配额拍卖对企业节能减排、稳定碳市场和低碳建设非常重要。

强化碳排放数据质量管理是维护碳市场公平公正的关键。欧盟碳市场和美国加州碳市场均对核查制度进行了立法，对核查机构和核查员设定了严格的准入条件，并对核查全流程进行了监管，以保障核查工作质量，提高数据可信度，从而维护碳市场的公平和公正。此外，欧盟还针对核查的过程分析、抽样、现场访问、排放报告等具体技术问题出台了技术规范，并强调对排放主体是否有按照在主管部门备案的数据质量控制计划实施监测进行核查。

评估和动态调整机制有利于提高碳市场的成熟度。能源价格调整、由经济增速波动带来的能源消费变动等因素均会改变碳交易市场的供求关系，使得碳价出现剧烈波动。RGGI碳市场在发展中也遇到了配额过剩导致碳市场持续低迷的情况。但RGGI在对市场进行评估分析之后，果断采取了削减配额总量、设置价格调节机制等重要举措，最终稳定了碳市场。在这一过程中，完善的评估机制起到了重要作用。我国也应该充分吸取其他国家在碳交易市场发展中积累的经验，建立一套定期评估和适时调整机制，妥善应对碳市场发展中可能遇到的各种突发状况。

第三部分

促进全国碳市场
发展的建议

8 相关建议

8.1 建议加快碳交易相关法律法规的立法进程

目前，我国尚未颁布应对气候变化专项法律，在碳交易方面也未出台相关法律法规。2019年和2021年，生态环境部分别就《碳排放权交易管理暂行条例（征求意见稿）》和《碳排放权交易管理暂行条例（草案修改稿）》公开征求意见。从草案修改稿来看，该条例适用于全国碳排放权交易及相关活动的监督管理，明确了国家、省级生态环境主管部门开展碳交易的职责分工，对各参与主体和碳交易各环节提出了具体要求。条例的出台将有利于提升现有碳交易相关政策的法律层级和权威性，有利于加强对主管部门、重点排放单位、核查机构、交易机制等相关方的有效监管，对碳交易中的失信、违规、违法等行为进行处罚并形成威慑，有利于促进全国碳市场的健康稳定运行。建议尽快推进《碳排放权交易管理暂行条例》等碳交易相关法律法规的立法进程。

8.2 建议尽快扩大全国碳市场覆盖的行业范围

建立全国碳市场首先要确立覆盖范围。覆盖范围是排放目标设置和排放权分配的先决条件。从理论上来说，为实现环境效益与经济效益最大化，所有排放源、排放部门及气体类型均应纳入碳排放权交易体系范畴。因受测算排放量所涉及的能力与成本、履约控制手段的可用性、体系管理的行政负担等诸多因素影响，目前现行的碳排放权交易体系其覆盖范围主要包括数据统计基础较好的、减排潜力较大的大型排放源。全国碳市场首个履约期仅纳入了发电行业，由于单一行业内的企业在技术水平、要素结构、风险因素等方面较为相似，影响碳市场资源配置和价格发现功能。根据全国碳市场分阶段、有步骤的建设思路，按照"成熟一个、批准发布一个"的原则，在发电行业碳市场健康运行后，未来将逐步纳入石化、化工、建材、钢铁、有色金属、造纸、航空等高排放行业，进一步扩大行业覆盖面。综合考虑各行业的减排空间和发展空间，统筹设定碳市场不同行业控排目标；尽快纳入其他具备条件的行业，实现全社会低成本减排的碳市场目标。

8.3 建立长效机制适时科学合理修订基准值

受多方面因素影响，当前我国电力供需呈现紧平衡状态，对煤电发电量需求旺盛，但因煤炭供应紧张，煤价上涨过快、电价难以疏导、利用小时偏低等情况，煤电企业出现大面积严重亏损。同时，虽然太阳能、风电仍然快速发展，但因其具有随机性和波动性，故难以满足高峰用电需求，对煤电机组提出了更高的调峰要求。建议根据当前的特点以及经济社会发展、能源转型、煤电定位持续完善全国碳市场发电行业配额分配方案，合理评估现有配额分配方案。研究建立基准线更新机制（包括配额收紧尺度和配额更新的时间尺度）和配额调节机制，引导市场预期，避免因配额过松或过紧给企业正常生产运行和碳市场稳定运行带来影响。根据第一个履约周期的碳市场运行情况，适当优化基准线设置。例如，解决600兆瓦机组整体配额不足的问题，适当调大燃气机组供电基准值，进一步体现对大容量、高参数、低排放机组的正向激励作用；扩大负荷率修正系数的适用范围，将"负荷率修正系数"调整为纯凝机组和热电联产机组均可以适用，鼓励通过供热提升能源综合利用效率。

8.4　建议协调相关机制支撑全国统一大市场构建

实现政府给定的减碳目标是碳市场的前提，碳市场虽然是低成本减碳机制，但减碳的成本不应由企业单独承担。建议协调价格传导机制，建立碳市场和电力市场联动机制，将碳成本反映在电价中。另外，要统筹研究碳市场、电力市场、绿电市场、绿证机制、CCER机制低成本减排作用，加强各部分之间的协调，避免同目的多机制的交叉打架，以推动市场高效运转。

8.5　鼓励开展碳排放在线监测数据试点和应用

核算法和CEMS法均有系统误差，相比人为因素导致的误差（点多面广、难以预测且管理难度大），系统误差可以通过技术手段加以解决。CEMS法已在燃煤电厂长期普遍使用，在二氧化硫、氮氧化物、烟尘监测中积累了大量经验，并作为了固定源环境执法的依据。电力行业标准《火电厂烟气二氧化碳排放连续监测技术规范》（DL/T 2376—2021）也已经出台。鼓励企业开展火电厂碳排放在线连续监测试点工作，并在此基础上推动通过CEMS法获得二氧化碳排放量数据。

8.6　建议进一步加强行业自律与能力建设

碳排放管理在我国刚刚起步，政府和企业都存在实践经验不足的问题，现阶段可以通过加强行业自律解决这一问题。行业协会组织企业开展碳排放数据自查和互查，加强交叉检验，预判数据风险，提早发现问题，通过制定行业规范，推动问题的解决，切实提升数据质量。设置仲裁申诉机构，解决碳排放交易中存在的纠纷。碳排放管理员这一新职业已纳入职业分类大典，应加快推进碳排放管理员人才培养体系建设，建立健全职业能力评价机制，提升从业人员的技术水平和管理能力。

8.7 加强企业碳资产管理提升数据质量水平

数据质量是碳市场的生命线，也是企业生产运行的基础。控排企业要适应形势需要，积极贯彻落实碳市场相关政策制度，建立健全内部碳资产管理体系，明确职责分工及管理流程边界，确保高效推动碳资产管理工作；进一步规范生产数据的管理，确保碳数据制度的建设完整、规范、科学。通过多层级、分区域、分职责的培训促进内部员工碳资产管理能力的提高和人才队伍的建设，切实提升碳资产管理成效。同时，强化科技创新，推动技术攻关。全国碳市场的发展需要企业的技术创新，控排企业应规划技术创新战略，加快清洁能源技术、储能技术、碳捕集、利用技术的创新研发和示范项目的应用布局，有效推动绿色低碳发展。

附件1　全国碳市场相关法规政策

序号	文件名称	发布单位	文号
1	《关于完整准确全面贯彻新发展理念做好碳达峰碳中和工作的意见》	中共中央 国务院	—
2	《中共中央关于制定国民经济和社会发展第十四个五年规划和二〇三五年远景目标的建议》	中共中央	—
3	《中共中央关于全面深化改革若干重大问题的决定》	中共中央	—
4	《关于加快建设全国统一大市场的意见》	中共中央 国务院	—
5	《关于深化生态保护补偿制度改革的意见》	中共中央 国务院	—
6	《国家标准化发展纲要》	中共中央 国务院	—
7	《国务院关于印发2030年前碳达峰行动方案的通知》	国务院	国发〔2021〕23号
8	《国务院办公厅转发国家发展改革委　国家能源局关于促进新时代新能源高质量发展实施方案的通知》	国务院办公厅	国办函〔2022〕39号
9	《"十三五"控制温室气体排放工作方案》	国务院	国发〔2016〕61号
10	《关于推进中央企业高质量发展做好碳达峰碳中和工作的指导意见》	国务院国资委	国资发科创〔2021〕93号
11	《关于创新和完善促进绿色发展价格机制的意见》	国家发展改革委	发改价格规〔2018〕943号
12	国家发展改革委关于印发《全国碳排放权交易市场建设方案（发电行业）》的通知	国家发展改革委	发改气候规〔2017〕2191号
13	《国家发展改革委办公厅关于切实做好全国碳排放权交易市场启动重点工作的通知》	国家发展改革委办公厅	发改办气候〔2016〕57号
14	《碳排放权交易管理暂行办法》	国家发展改革委	中华人民共和国国家发展和改革委员会令第17号

续表

序号	文件名称	发布单位	文号
15	《国家发展改革委关于印发国家应对气候变化规划（2014—2020年）的通知》	国家发展改革委	发改气候〔2014〕2347号
16	国家发展改革委关于印发《温室气体自愿减排交易管理暂行办法》的通知	国家发展改革委办公厅	发改办气候〔2012〕1668号
17	《清洁发展机制项目运行管理办法（修订）》	国家发展改革委 科技部 外交部 财政部	国家发展和改革委员会令第11号
18	《国家发改委办公厅关于开展碳排放权交易试点工作的通知》	国家发展改革委办公厅	发改办气候〔2011〕2601号
19	《关于高效统筹疫情防控和经济社会发展 调整2022年企业温室气体排放报告管理相关重点工作任务的通知》	生态环境部办公厅	环办气候函〔2022〕229号
20	《关于做好2022年企业温室气体排放报告管理相关重点工作的通知》	生态环境部办公厅	环办气候函〔2022〕111号
21	《关于做好全国碳市场第一个履约周期后续相关工作的通知》	生态环境部办公厅	环办便函〔2022〕58号
22	《企业环境信息依法披露管理办法》	生态环境部	生态环境部令第24号
23	《碳排放权交易管理办法（试行）》	生态环境部	生态环境部令第19号
24	《关于深化生态环境领域依法行政 持续强化依法治污的指导意见》	生态环境部	环法规〔2021〕107号
25	《碳排放权登记管理规则（试行）》《碳排放权交易管理规则（试行）》和《碳排放权结算管理规则（试行）》	生态环境部	生态环境部公告2021年第21号
26	《关于统筹和加强应对气候变化与生态环境保护相关工作的指导意见》	生态环境部	环综合〔2021〕4号
27	《关于做好全国碳排放权交易市场第一个履约周期碳排放配额清缴工作的通知》	生态环境部办公厅	环办气候函〔2021〕492号
28	《关于做好全国碳排放权交易市场数据质量监督管理相关工作的通知》	生态环境部办公厅	环办气候函〔2021〕491号
29	《关于在产业园区规划环评中开展碳排放评价试点的通知》	生态环境部办公厅	环办环评函〔2021〕471号

续表

序号	文件名称	发布单位	文号
30	《关于开展重点行业建设项目碳排放环境影响评价试点的通知》	生态环境部办公厅	环办环评函〔2021〕346号
31	关于印发《企业温室气体排放报告核查指南（试行）》的通知	生态环境部办公厅	环办气候函〔2021〕130号
32	关于印发《企业环境信息依法披露格式准则》的通知	生态环境部办公厅	环办综合〔2021〕32号
33	《关于开展气候投融资试点工作的通知》	生态环境部办公厅等	环办气候〔2021〕27号
34	《关于进一步加强生态环境"双随机、一公开"监管工作的指导意见》	生态环境部办公厅	环办执法〔2021〕18号
35	《关于加强企业温室气体排放报告管理相关工作的通知》	生态环境部办公厅	环办气候〔2021〕9号
36	《关于促进应对气候变化投融资的指导意见》	生态环境部等	环气候〔2020〕57号
37	《关于在疫情防控常态化前提下积极服务落实"六保"任务 坚决打赢打好污染防治攻坚战的意见》	生态环境部	环厅〔2020〕27号
38	关于印发《2019—2020年全国碳排放权交易配额总量设定与分配实施方案（发电行业）》《纳入2019—2020年全国碳排放权交易配额管理的重点排放单位名单》并做好发电行业配额预分配工作的通知	生态环境部	国环规气候〔2020〕3号
39	《关于进一步深化生态环境监管服务推动经济高质量发展的意见》	生态环境部	环综合〔2019〕74号
40	《关于举办碳市场配额分配和管理系列培训班的通知》	生态环境部办公厅	环办培训函〔2019〕132号
41	《关于做好2018年度碳排放报告与核查及排放监测计划制定工作的通知》	生态环境部办公厅	环办气候函〔2019〕71号
42	关于印发《财政支持做好碳达峰碳中和工作的意见》的通知	财政部	财资环〔2022〕53号
43	关于印发《碳排放权交易有关会计处理暂行规定》的通知	财政部	财会〔2019〕22号

附件2 全国碳市场发展大事记

2022年
7月15日

全国碳市场运行一周年系列活动在武汉举行，全国百余位政府领导、专家学者、金融机构代表、研究机构代表、碳市场服务机构代表及企业界人士齐聚一堂，总结全国碳市场建设的经验和成效。

2022年
7月13日

生态环境部召开全国碳市场建设工作会议，全面总结第一个履约周期的运行经验与成效，分析当前面临的形势与挑战，安排部署下一阶段重点工作任务。

2021年
12月31日

全国碳排放权交易市场第一个履约周期顺利结束。自2021年7月16日正式启动上线交易以来，全国碳市场已累计运行114个交易日，碳排放配额累计成交量为1.79亿吨，累计成交额为76.61亿元。按履约量计，履约完成率为99.5%。

2021年
11月10日

全国碳排放权交易市场自2021年7月16日启动上线交易以来，总体运行平稳有序，截至2021年11月10日，全国碳市场已累计运行77个交易日，碳排放配额累计成交量达到2 344.04万吨，累计成交额突破10亿元，达到10.44亿元。

2021年
11—12月

生态环境部组织了31个工作组开展碳排放报告质量专项监督帮扶。以重点技术服务机构及其相关联的发电行业控排企业为切入点，围绕煤样采制、煤质化验、数据核验、报告编制等关键环节，深入开展现场监督检查。

2021年 9月12日	生态环境部印发《碳监测评估试点工作方案》，组织对重点行业、城市和区域开展碳监测评估试点。其中，火电是重点行业之一，主要探索了连续监测方法的适用性。
2021年 7月6日	全国碳排放权交易市场正式启动上线交易。全国碳市场（发电行业）第一个履约周期为2021年全年，纳入发电行业重点排放单位2 162家，覆盖约45亿吨二氧化碳排放量。
2021年 5月7—13日	受生态环境部应对气候变化司委托，中国电力企业联合会联合湖北碳排放权交易中心、上海能源环境交易所等机构，在武汉组织开展全国碳市场注册登记结算系统和交易系统的联调测试。
2021年 1月5日	生态环境部举办碳排放权交易管理政策媒体吹风会。生态环境部应对气候变化司负责同志介绍《碳排放权交易管理办法（试行）》《2019—2020年全国碳排放权交易配额总量设定与分配实施方案（发电行业）》有关情况。吹风会介绍，全国碳市场第一个履约周期于2021年1月1日正式启动，标志着全国碳市场的建设和发展进入了新的阶段。
2020年 5月12日	全国碳排放权注册登记系统和交易系统施工建设方案专家论证会在京召开。
2019年 10—12月	生态环境部组织相关支撑单位在全国举办了8期17场次碳市场配额分配和管理系列培训活动。

2019年 5月27日	生态环境部印发《关于做好全国碳排放权交易市场发电行业重点排放单位名单和相关材料报送工作的通知》，确定了全国碳排放权交易市场发电行业重点排放单位名单。
2018年 9月5日	生态环境部召开发电行业参与全国碳排放权交易市场动员部署会，会议指出，要扎实推进全国碳市场建设，坚持碳市场作为控制温室气体排放政策工具的定位，以发电行业为突破口率先启动全国碳排放交易体系。
2017年 12月18日	国家发展改革委印发《全国碳排放权交易市场建设方案（发电行业）》，标志着全国碳排放交易体系正式启动。

参考文献

[1] 中国电力企业联合会. 中国电力行业年度发展报告2022[M]. 北京：中国建材工业出版社，2022.

[2] 王志轩，藩荔，张建宇，等. 碳排放权交易培训教材[M]. 北京：中国环境出版集团，2022.

[3] 碳达峰碳中和工作领导小组办公室，全国干部培训教材编审指导委员会办公室. 碳达峰碳中和干部读本[M]. 北京：党建读物出版社，2022.

[4] 王志轩，张建宇，潘荔，等. 中国电力行业碳排放权交易市场进展研究[M]. 北京：中国电力出版社，2019.

[5] 魏琪峰，李晓华，刘吉臻. 国际碳市场实践及对我国建设碳市场的启示[J]. 石油科技论坛，2022（1）：71-77.

[6] 陈星星. 全球碳市场最新进展及对中国的启示[J]. 财经智库，2022，7（3）：109-122.